U0925588

HARVARD PSYCHOLOGY

哈佛情商课

昭军　编著

吉林文史出版社
JILINWENSHICHUBANSHE

图书在版编目（CIP）数据

哈佛情商课 / 昭军编著 . -- 长春：吉林文史出版社，2019.7

ISBN 978-7-5472-6214-6

Ⅰ . ①哈… Ⅱ . ①昭… Ⅲ . ①情商–通俗读物
Ⅳ . ① B842.6-49

中国版本图书馆 CIP 数据核字（2019）第 101997 号

HAFOQINGSHANGKE

书　　名　哈佛情商课

编　　著　昭　军
责任编辑　王丽环
封面设计　末末美书
出版发行　吉林文史出版社
地　　址　长春市福祉大路 5788 号　　邮编：130118
网　　址　www.jlws.com.cn
印　　刷　北京德富泰印务有限公司
开　　本　880mm × 1230mm　1/32
印　　张　8
字　　数　180 千
版　　次　2019 年 7 月第 1 版　2019 年 7 月第 1 次印刷
书　　号　ISBN 978-7-5472-6214-6
定　　价　35.00 元

PREFACE

前　言

哈佛大学是世界顶级名校，也是美国历史最为悠久的私立大学，它自创建以来，以领先全球的先进教学理念、饱含人文色彩的普世价值观、崇尚独立与自我表达的自由精神，培养出了一大批政界、商界、科学界的人才。这所享誉全球的知名学府为世界贡献的不仅仅是政商名流和诺贝尔科学奖的得主，还有塑造人才的独特理念以及培养人才的方法，其方法值得全世界借鉴。

与其他大学不同的是，哈佛大学不只重视基础知识的教育，更注重学生在智力、社交和个人发展等各方面的提升。情商教育是哈佛教育极其重要的组成部分。情商是心理学家提出的概念，它是相对于智商而言的，指的是情绪商数。与智商相比，它对人生的影响更大。美国曾经对750位成功人士做过调查，研究表明，成功要素中，“遵守纪律”“诚实待人”“与人友好相处”等情商方面的内容被列为关键性因素。可见，情商对个人成就意义重大。与此同时，哈佛大学还做过一项职场调查，结果显示：500名惨遭辞退的职员中，因不善沟通导致不能胜任工作的占82%。可见，情商是一个人的软实力，情商不高，直接影响职业发展。

各界名流中，有相当一部分人，没有健全的知识结构，也没有力压群雄的精湛技艺，但是他们有着常人所不具备的高情商，不仅事业有成，而且生活得非常幸福、快乐，拥有令人艳羡的美满人生。与之相反，很多人头脑聪明、敏而好学，有才华、有能力，却因情商不够，无法崭露头角，以致怀才不遇。这足以说明，情商决定人生成败。许多人人生失意，都是输在情商上。

情商的重要性不言而喻。那么哈佛大学是怎么看待情商的呢？其实哈佛大学教授的情商教育与人们所理解的情商是有本质区别的。情商并非指察言观色、人情练达，而是指管理自己情绪和处理人际关系的能力以及诚实、友善、同情心、同理心等方面的美德和品质。高情商者仁爱、宽厚、善良，富有人格魅力，有爱心和悲悯之心，乐于助人，懂得换位思考，通常比较受欢迎，朋友众多，无须刻意经营，就能获得友谊和优质资源。

高情商者有内涵、有层次、有修养，能够平等地尊重自己和别人，既不会显露出高冷的优越感，也不会以仰望或俯视的态度对待任何一个人。他们也许貌不惊人，也许才干不出众，但却自有一股魅力和气度，让人毫不设防地与之亲近，心甘情愿地追随其左右，具备领袖所具备的吸引力和气场。

高情商者懂得与他人相处，更懂得与自己相处。他们也有悲伤、痛苦、愤怒、无助的时候，却不会被此起彼伏的负面情绪牵着鼻子走，而会采用合适的方法将负能量宣泄出去，保持内心的和谐。他们不会语出伤人、不会粗暴无礼，任何时候都不会歇斯底里失态，所以总能保持亲切有礼的形象，让人觉得可信赖。他们不向外发泄情绪，也不把怒火朝内发泄，知道如何接纳自己，完善自己，知道如何自我实现。

本书以哈佛情商教育为基础，以哈佛教授、哈佛心理学专家的情商理念为主线，以哈佛学子的情商表现为实例，多层面多角度解析情商的内涵和外延，旨在让广大读者全面深入地了解情商，并掌握提高情商的科学方法，以便在职场、生活、心理等方面加以应用。希望读者朋友在阅读了本书之后，也能成为一个高情商的人，同时祝愿广大读者事业顺遂、家庭幸福、生活和谐。

CONTENTS
目　录

哈佛第十课

HARVARD PSYCHOLOGY

哈佛第一课

认识情商——成功，从发现情商开始

情商是人生的必修课

情商已成为20世纪最重要的心理学研究成果。

——EQ创始人沙洛维博士、梅耶博士

随着成功学的兴起，“情商”一词越来越受到关注，也引起了心理学家的重视。哈佛大学心理学博士丹尼尔·戈尔曼提出：“一个人的成功，智商的作用只占20%，其余80%是其他因素，其中情商占很大一部分。”可见情商是成功的决定性因素。那么究竟什么是情商呢？对此心理学家做出了解释：情商是指体察管理自己情绪的能力，认知他人情绪的能力以及调整自身精神状态、耐受挫折等方面的能力。

其实情商并不是什么高深玄妙的东西，简单来说，它就是一个人调整心态、管控情绪以及与他人交往的能力，是一个人综合素质和软实力的体现，也是衡量一个人核心竞争力的重要指标。哈佛大学之所以人才辈出，享誉全球，不是因为术业有专攻，而是注重情商教育的结果。建校300多年以来，这所世界一流的殿堂级学府，培养出了数任美国总统，无数名流政要、商业巨擘、科学巨匠和高新技术人才，被视为精英的孵化器，其中情商教育的作用功不可没。

美国前任总统奥巴马毕业于哈佛大学法学院，作为学习成绩优异的优等生，在就读哈佛期间，接受了非常系统的情商教育。这段宝贵的经历为他日后的竞选和执政，提供了极其有利的条件。大选期间，他表现得非常亲民，尽显个人魅力，凭借出色的口才、良好的个人形象和深入人心的竞选口号，一举击败了老牌政客希拉里，成功入主白宫。

平民代表奥巴马竞选成功，并非偶然，也不是什么奇迹，而是一种必然。奥巴马非常关注民众的需求，十分了解选民的情绪，针对美国人渴求改变的心态，适时提出了变革的口号和一系列政治主张，结果反响热烈，在很短的时间内便赢得了选民的心，如愿当选。

情商是哈佛大学的必修课，哈佛学子的成功得益于优质的情商教育。近年来，我国也越来越重视情商培养，甚至有人提出情商教育应该从青少年抓起。那么情商教育的核心是什么？如何判断一个人是否已经被培养成高情商人才了呢？心理学家指出，高情商的人大多具备以下特点：

◇拥有良好的社交能力，个性开朗，心情愉悦；

◇心态乐观，不易受伤感、恐惧等负面情绪困扰；

◇专注事业，正派且富有同情心；

◇无论一个人独处还是和别人相处，都能安之若素，自得其乐。

高情商的人常给人一种如沐春风的感觉，对事情的把握拿捏得恰到好处，分寸感很强，沟通能力也很强，乐于尊重和包容不同的观点，能扮演好自己的社会角色。除此之外，逆境情商很高，善于调节和调动自己的情绪，激发自身的潜能，所以无往而不胜。这就是他们轻松打败竞争对手，在专业领域脱颖而出的秘密。

决定情商高低的“神秘力量”

我绝不相信，任何先天的或后天的才能，可以无须坚定的长期若干的品质而得到成功。

——狄更斯

情商是天生的，还是后天的？哈佛学子管理情绪的能力和出色的社交能力是一种与生俱来的天赋，还是精英教育的结果？不可否认的是，这些天之骄子当中，不少人天赋异禀，可这只能说明他们智商很高，富有才华，不能被视为天生高情商的证据。客观地说，哈佛学子的高情商是被精心培养出来的。那么这是否意味着情商是后天的产物，先天因素的影响微乎其微，可以完全忽略不计呢？当然不是。

心理学家认为，决定情商的因素，既包括先天遗传因素，也包括后天环境的塑造。每个人都逃不开基因和原生家庭的设定。个体的行为、思想和处理情绪的方式，与原生家庭有着千丝万缕的联系。脾气火爆的父母往往会有一个脾气火爆的孩子，情商高的父母往往会养育出有教养的子女。也就是说，一个人的性格、品质和共情能力（理解他人情绪的能力）受到遗传基因的直接影响。

心理学研究显示，在制约共情能力的因素中，遗传基因所占的比例高达11%。可见，一个人的情绪问题以及情商指数，在未出世之前，就已经被编写到了DNA编码里。作为个体，很容易成为父母的投影，活成父母的翻版。DNA塑造了个体的基础模型，但人的情感意志不完全由DNA决定，过往的经历也是奠定情绪、情感商数的基石。其中父母的抚养方式起到举足轻重的作用。一般情况下，无条件被爱、亲子模式健康的家庭，子女的情商普遍较高，而丧偶式育儿、情感冷漠的家庭，父母强势专制、经常打骂孩子的家庭以及过度溺爱型的家庭，子女易于产生心理问题，大多情商不高。

情商关乎事业前途，并与日常生活、幸福体验紧密相连，那么基因存在缺陷，成长于不幸的原生家庭的人，是不是就没有希望拯救自己的情商了呢？答案是否定的。哈佛大学心理学博士丹尼尔·戈尔曼认为，人的情商能力可以通过后天培养的方式逐渐提高。出类拔萃的哈佛学子并非天生高情商，哈佛奇迹本身就是最好的明证。

哈佛大学曾录取过一名条件特殊的学生，她叫莉丝。莉丝出身于纽约声名狼藉的贫民窟，父母不务正业、麻木不仁。在成长过程中，莉丝没有得到应有的照顾和关爱，却要反过来照顾大人。母亲病逝后，她的日子每况愈下。因衣着肮脏破旧，饱受同学嘲笑，她不得不逃课躲避来自外界的伤害。

15岁那年，莉丝开始浪迹街头，过上了流离失所的生活，靠从垃圾箱里翻捡食物为生，冷天整夜待在地铁车厢里御寒。经过无数徘徊和挣扎，莉丝重新振作了起来，毅然返回高中学习。她仅花了两年时间就完成了四年的课程，踌躇满志地准备考取哈佛大学。在面对考官时，她以坦然的态度讲述了自己的艰辛经历，没有发出任何抱怨和叹息，运用自己的共情能力紧紧抓住了对方的心。考官被她顽强拼搏的精神和永不屈服的坚强意志所打动，最终毫不犹豫地录取了她。

如果说每个人来到这个世上，都是一张白纸，那么先天基因和家庭教育就是白纸的底色，这张白纸最后呈现出什么样的构图、色彩，是由我们自身决定的。没有好的出身、天生情商不高不要紧，通过后天的努力和练习，我们可以克服自身的弱点和缺陷，变得聪慧、自律、真诚、有礼、善于沟通。

高情商不是上帝赐予人们的礼物，而是人们经过磨砺和修炼所获得的犒赏。客观地说，并不是每个哈佛学子都是上帝的宠儿，他们也有自己的人生低谷，同样要承受来自各方面的压力和挑战。在接受情商教育的过程中，学生们一步步蜕变成长，一步步走向人生的辉煌顶点。情商的提高不是一蹴而就的，而是一个循序渐进、水到渠成的过程，只有坚持不懈地努力下去，才能由量变达到质变，达成终极目标。

高情商必备的五种人格特质

智商高、情商也高的人，春风得意；智商不高、情商高的人，贵人相助；智商高、情商不高的人，怀才不遇；智商不高、情商也不高的人，一事无成。

——丹尼尔·戈尔曼

情商和智商决定一个人的前程和未来，心理学家认为，对个人发展来说，情商比智商更重要。社会上不乏高智商的失败者，也出现了不少智商中等的业界翘楚。所以从某种意义上说，健全人格的塑造、情商的训练提升，比智育的培养更重要。哈佛大学早就认清了这一事实，所以很久以前便废除了各种束缚学生天性的规章制度，充分给予学生自由发展的空间，致力于培养学生的良好品格，希望把每个人最优秀的潜质都激发出来。

哈佛大学的校方相信学生有能力管理好自己，对学生的自控力和心理素质抱有十足的信心，希望每个人走出校门时，获得的不仅是一张含金量极高的文凭，还有软实力的提升，尤其是情商方面的提升。事实证明，哈佛大学的办学理念是正确的，莘莘学子因此受益匪浅，即便是中途辍学没有完成学业的学子，也从学校的情商教育中学到了不少有价值的东西。

哈佛肄业生马克·扎克伯格年纪轻轻就创办了风靡全球的社交网站Facebook，成为互联网新秀和企业名人，被赋予了“第二盖茨”的美誉。有人认为，他的成功得益于天才般的头脑。事实上，他不仅智商高，情商也很高。在校读书时，他便对年轻人的时尚观念、交友偏好以及审美情趣了如指掌，深谙学生社交心理，所以轻而易举地创建了符合市场需求的社交网站。

一举成名以后，马克·扎克伯格曾因隐私泄露麻烦缠身，不得不参加众议院听众会，为公司保护隐私不利产生的消极影响道歉。出席听证会当天，马克·扎克伯格没有穿自己钟爱的灰色T恤，他换上了一套深蓝色的着装，还规规矩矩地打了领带，显然是在有意向外界传达这样一个信息：他不再是一个初出茅庐、任性妄为的毛头小伙子，已经蜕变成了成熟稳重的企业家，他和他的公司值得大众信赖。发表讲话时，马克·扎克伯格表现得真诚、谦逊，合作态度良好，给所有听众留下了深刻的印象。面对问题，他坦率回答，不闪烁其词，在短短几分钟内就赢得了全场的好感。

事后，科技研究公司GBH策略总监不无感慨地说：“马克·扎克伯格的表现证明，华尔街精英的担心是多余的。这48个小时的听众会对Facebook的未来发展具有决定性的意义。今天，马克·扎克伯格的表现超出人们的预期，让大家喜出望外，华尔街大可放心了。”

拥有高情商的哈佛学子在情绪反应、做出重大决策以及处理人际关系的表现上，形成了自己的独特风格。那么他们的高情商具体包括哪些方面呢？

★移情能力

移情指的是善于角色互换，能把自己放在对方的坐标系中，身临其境地感受他人的处境，设身处地为对方着想。具备移情能力的人，能够识别别人的情绪，易于与对方产生情感共鸣，在社交中往往比较受欢迎。

★自我意识

自我意识是指对自己的认知，对自己身心活动和情绪状态的觉察。拥有良好的自我意识，就能正确地评价和看待自己，具备自尊、自信、乐观等品质，能全方位地展现自己的个人魅力。

★分析能力

高情商的人喜欢思考，能够分析和处理庞杂的信息，可在短时期内弄清自己和别人做事的动机，不仅能找到适合自己的生活方式和目标追求，还能体察他人的需求，知道如何应对各种错综复杂的情况。

★适应能力

圣雄甘地曾经说过：“适应性和模仿不同。它带来抵抗和同化的能力。”高情商的人不会为了适应而随波逐流，他们明白什么时候应该坚持自我，什么时候应该做出全新的改变，知道前进的方向在哪里，不会因盲从而迷失自己。

★乐于助人

高情商的人不仅追求个人成功，而且非常希望看到别人成功，乐于跟别人合作共赢，在帮助别人的同时总能有意想不到的收获。此外，他们比较富有爱心和同情心，具有强烈的社会责任感，普遍热衷于慈善事业，在收获名声的同时，也获得了福报。

“火眼金睛”识别伪情商

毕业了，就真的从一个“拿”和“吸收”的时期进入一个“给”和“奉献”的时期。

——哈佛校长劳伦斯·萨默斯

20世纪末，情商概念第一次被提出，在社会各界引起了强烈反响，一度成为心理学界的热门话题，此后的二十多年间，情商一词迅速席卷全球，广泛影响各大领域。如今，无论是腰缠万贯的商人、精明决断的高层管理者，还是技术骨干、普通职员，都对情商话题产生了浓厚的兴趣，有关情商概念的探讨从来就没有停止过。随着时间的推移，各种夹杂着功利色彩的伪情商言论甚嚣尘上，模糊了情商原本的概念。

很多人误以为所谓的高情商就是会说话办事，聪明伶俐、八面玲珑、左右逢源，善于编织人际关系网，知道如何从中获益。这显然是把人情世故和情商混为一谈了。事实上，精致的利己主义和情商的概念完全是背道而驰的。哈佛大学心理学博士丹尼尔·戈尔曼对情商的表述十分清晰明了，没有阐述任何人情世故的东西。哈佛大学所培养的不是人情练达、处事圆滑的伪精英，而是德才兼备、善解人意，文明修养较高的高素质人才。哈佛人思考的不是怎么向他人、向社会索取，而是如何调动自己的积极情绪，潜移默化地影响他人，从而改变世界，促进社会进步，在完成自我实现的同时，给社会带来福祉。

一位中国留学生在就读哈佛大学以后，决定放弃优渥的生活，光荣参军。她的母亲听完之后无比震惊，虽然也为女儿的选择骄傲，但仍然摆脱不了内心的疑惑。

有一个接受哈佛教育理念的小伙子毅然放弃了待遇优厚的律师工作，千里迢迢跑到非洲做义工，一干就是好几年。

很多人觉得这是智商高情商低的表现，只有崇尚理想主义的书呆子才会做这种傻事。可是，这确实是哈佛大学提倡的人生观和价值观。哈佛人笃信的情商概念富含人文主义情怀，讲求的是服务社会和奉献，不是社交技巧的大杂烩，更不是如何成为人上人的宝典秘籍，但奇怪的是，信奉它的人不仅没有因此吃亏，反而成为人生的赢家。其实这并不令人费解，对他人、对社会有益的人终不会被亏待。

哈佛大学的毕业生每年有十分之一在非营利组织和政府机构工作。他们所从事的职业收益十分有限。在美国一个小城市的市长年薪不过 4 万美元，公务员的工资更是少得可怜，晋升到部长和国会议员级别，年收入也不过十几万而已。假如这些哈佛高材生入驻华尔街，可能一夜之间暴富，过上别人想都不敢想的奢华生活。然而他们的选择是比较契合哈佛精神的。当年，奥巴马也曾积极投身于公益活动，致力于为民众解决生活难题，他从低级办事员做起，一步步积累了丰富的从政经验，为日后问鼎白宫打下了坚实的基础。

不少人认为交友广阔、善于隐藏情绪、说话动听、讨人喜欢就是情商高的体现，甚至有人认为精于算计，让别人心甘情愿地为自己服务才是情商高的完美体现。这都是对情商的曲解。那么世人所认为的情商究竟存在哪些误区呢？

★把“情商”和“合群”划等号

世故、有城府、合群，不等于情商高。情商高的人会发自内心地为他人着想，但未必合群。比如微软的另一位创始人保罗·艾伦不善辞令、不爱交际，对员工却十分友善，同样被视为是一个高情商的人。

★把“情商”解读为“虚伪”的代名词

圆滑市侩、隐忍不发、阳奉阴违是小聪明的表现，不是高情商的特点。这类人只能在某个狭小的天地里混得风生水起，干不成大事，更成就不了大业。

★把“情商”解读为毫无原则地妥协退让

有人认为情商最重要的是人际关系的经营，想要赢得好人缘，就不能过问是非，必须竭尽所能避免冲突，维护对方的面子。这种观点显然是错误的，情商和人情不是一回事，不讲原则、糊里糊涂地充当和事佬，不能被美化成高情商。

★将“情商”直接等同于人际交往

人际交往只是情商的一个方面，并不是情商概念的全部。掌握了人际交往的技巧，并不等于高情商。既善于把控自己的情绪，又擅长人际交往，友善可亲，富有同情心，能够传播正能量的人才是高情商的人。

平庸和卓越可能只有一步之遥

如果哈佛能找到勇气来改变自己，它就能改变世界。

——哈佛大学校长劳伦斯·萨默斯

在世界知名学府中，哈佛大学的名声无疑是响亮的，它是多数青年才俊心驰神往的知识殿堂。在这所闻名遐迩的高校里，先后诞生了 8 位美国总统，30 多位鼎鼎大名的诺贝尔奖获得者，不仅深刻地影响了美国的历史，而且搅动了世界风云。在短短 200 多年时间里，美国能成为世界上综合国力强大的国家，与哈佛学子的贡献息息相关。

也许你会认为哈佛人是天才，注定不平凡，注定拥有伟大的人生。然而事实和人们想象得完全不一样。哈佛学生很少有凭借天赋成功的，比起天赋，他们更相信后天的努力。在哈佛校园，凌晨两点，教室、图书馆长年灯火通明，大多数学生都在埋头苦读。也就是说，哈佛人是靠后天的勤奋取得成就的，他们未必像我们想象得那样聪明绝顶。在情商方面，他们也不是天生无懈可击的。据相关数据显示，2018 届的哈佛毕业生中，向学校健康服务部门寻求心理咨询的人高达 41%，这说明哈佛大学有不少人存在心理健康问题，需要专业人员的帮助。

许多人认为自己资质平庸，无法与头顶名校光环的哈佛学子相提并论，永远不能有所造就，这显然是为自己设限，哈佛学子在入学之前，与其他年轻人之间，并不存在鸿沟般的差距，如果同龄人掌握了哈佛情商教育的精髓，是很有可能从平庸走向卓越的。

哈佛大学的老师喜欢给大一新生讲述以下几个小故事：

有个叫奥斯勒的医生，无论工作多忙，都会抽出时间阅读，每天临睡前依旧手不释卷，读完一刻钟的书，才能卧床休息，这个习惯长年累月地坚持了下来。50 年后，他累计阅读的书籍不下 1000 本，广泛的阅读量让他变成了博学多才的人，后来他研究了第三种血细胞，在科学界引起了巨大的轰动。

杜邦公司的总裁格劳福特 · 格林瓦特掌管着全球最大的化学公司，业务繁忙。尽管如此，他仍能从百忙之中抽出一小时时间研究蜂鸟，并给这种形态小巧的鸟拍照，将相关知识编入丛书。他撰写的书籍被视为自然历史丛书中最杰出的作品之一。

数学家科尔成功破解了困扰数学界已久的难题，当被问到花了多长时间解题时，他诚实地回答说："三年内的全部星期天。"

这三个励志故事乍看上去与情商无关，似乎都是在诠释天才源自勤奋的老生常谈。仔细分析，你会发现，故事所要表达的是，成功无他，仅仅是源自严格的自我管理能力。而自我管理就是情商的重要组成部分。

其实，平庸和卓越可能只有一步之遥，资质平庸的人如果擅长自我管理，拥有高情商，那么也有可能实现从丑小鸭到白天鹅的华丽蜕变。天生非同凡响的人在这个世界上凤毛麟角，大多数人都很平凡，但平凡的人也有可能取得不平凡的成绩，在某一个领域大放异彩。所以，不要轻易妄自菲薄。即便自己不是毕业于名校，即便没有很高的起点，也仍然有希望打破命运的枷锁，活出不一样的风采。

别让1%的情绪毁掉99%的努力

能控制好自己情绪的人，比能拿下一座城池的将军更伟大。

——拿破仑

哈佛心理学家丹尼尔·戈尔曼说："情商就是管理情绪的能力。"一个人情商的高低，直接体现在情绪的表达上。但凡高情商者都善于控制自己的情绪，有一种"泰山崩于前而色不变"的淡定和从容，不会惊慌失措或迁怒于人，更不会乱发脾气。即便受到了冒犯，也能采用相对文明的方式化解冲突。这些看似简单的事情，并不容易做到。因为生活在快节奏的现代社会，压力无处不在，繁重的工作，复杂的人际关系，各种矛盾和纠纷以及天灾人祸的打击，都有可能使人的情绪失控，造成不可挽回的后果。

哈佛学子也面临相同的问题。巨额助学贷款、学业压力、失恋问题、交际问题等，也曾令他们不知所措。毕业之后，当被问及如何攫取人生的第一桶金时，大约有三分之二的哈佛学生回答说希望从父母那里获得物质上的支持。可见哈佛学子在日常生活中也会遇到很多棘手的难题，不过他们不会被消极情绪吞噬，大多数人经过情商训练，顺利完成了学业，找到了相对满意的工作，并收获了丰盈的人生。

有时候成功最大的敌人就是情绪失控，1%的坏情绪足以毁掉99%的努力，使之前所有的付出化为乌有。一个人有才华、有能力，但不懂得处理负面情绪，总因为微乎其微的小事出现情绪波动，不仅会恶化人与人之间的关系，还会影响到加薪升职，乃至日后的职场生涯。

艾米丽工作了半年之后，向公司申请到总部培训、深造的机会，由于申请人员太多，主管需要逐一审批，艾米丽没有马上收到回复。为此，她大为不满，觉得主管不重视自己，越想越气。第二天上班，她听说有个同事已经获得了深造的名额，感到愤愤不平，顿时无比沮丧。她认为为公司的付出毫无意义，如此卖力工作，却得不到应有的机会，还不如早点儿辞职。

此后，艾米丽始终打不起精神，脸上总是一副倦怠的表情，经常为了鸡毛蒜皮的小事跟同事发火，搞得人见人厌，所有人见了她都唯恐避之不及。有一天，艾米丽的报告出现了差错，主管不冷不热地批评了几句。艾米丽大为光火，立刻反唇相讥，并指责主管处事不公，把深造的机会给了自己喜欢的人，却对踏实肯干的员工置之不理。同事们听了，都觉得好笑。

主管没有揭穿她，只是平静地告诉她，深造名额是根据资历、能力、工作表现等综合指标的评定决定的，那些被批准的名额都给了老员工，她作为新人，本来也有深造的机会，不过被安排到了下一批，再等半年，她就能获得名额。艾米丽一听当场愣住了，羞愧得无以复加。主管又告诉她，公司本来打算提拔她的，但是发现她脾气大，状态不稳定，不善于控制情绪，只好另择他人。艾米丽听罢，懊悔不已。

在现实生活中，不是所有的努力都能换来同等的回报。只有知道如何驾驭自己的情绪，你的努力才有价值，工作才能顺风顺水。情绪掌控能力差，动辄发怒，像火药桶一样一引即爆，将瞬间毁掉自己辛苦经营的形象，甚至自毁前程，多年呕心沥血的奋斗将变得一文不值。千万不要低估1%情绪的破坏力，它的能量巨大，足以让你所有的努力变成无用功。这不是危言耸听，而是一个客观事实，在各个国家、各个领域都屡试不爽。

若任由情绪如脱缰的野马横冲直撞，后果将不堪设想。那么该如何控制自己的情绪呢？首先要明白是什么念头让你产生了负面的感受。一般而言，糟糕的念头源自以下错误的认识：

★随意推论

不以客观事实为准绳，总是按照主观臆断推想最糟糕的情况，以致陷入无休止的焦虑之中。

★妄下结论

以己度人，胡乱猜测、揣摩别人的想法。比如给朋友发信息，朋友没有在第一时间回复，便疑心对方故意冷落自己。

★非黑即白

把事情简单化，执着于对错，看不到中间过渡地带。

★夸大事实

把无足重轻的小事无限夸大，做出过激反应。

★心理过滤

过滤掉积极信息，有选择地吸收消极信息。

★以偏概全

把偶然的事件视为不可变更的必然结果，或者以局部概括整体，一叶障目，不见泰山。

★归因错误

把责任全部推给别人或归咎于自己，怨天尤人或自怨自艾。

★应该思维

把自己的世界观、人生观、价值观强加给别人，因别人的行事风格违背了自己的原则而怒不可遏。

心智比头脑更重要

如果你聪明的话，你会了解自己的无知；如果你不认识这一点，就是愚昧。

——卢梭

现代社会竞争无比激烈残酷，没有真才实学是很难站稳脚跟的，然而有了真才实学，也并不意味着可以平步青云，实现自己的理想。这是因为聪明的头脑，精湛的技能固然重要，但若缺少了健全的心智，情商不高，也注定与成功失之交臂。

哈佛大学认为，一个人的情商对他的职业发展有着极其重要的影响。所以学校非常注重情商的培养，尤其重视健全心智的塑造。哈佛大学看重学生的综合实力，注重培养学生的软技能，把情商教育视为重中之重。哈佛大学为社会培养的是极具人格魅力的领导者和具有影响力的卓越人物，这些人既有聪颖的头脑，又有健全的心智，往往能突破自身的局限，取得更高的成就。

作为普通工作者，成为物理学家、化学家或者前沿科技的先锋人物的概率是非常低的，哈佛模式是值得我们借鉴和研究的。有人对美国前五百强企业做过调查，结果显示，智商和情商对工作成就的贡献比例为1∶2，可见情商有多么重要。一个高情商的人，必然是一个心智成熟的人，这样的人不仅自己身心愉悦，而且能用乐观积极的情绪感染别人，懂得如何协同合作，很容易在某一领域混得风生水起。而低情商的人在情感和心智方面不成熟，即使掌握了丰富的专业知识和过硬的职业技能，也容易陷入发展瓶颈，以致怀才不遇。

吉姆是一名出身名校的高材生，刚毕业便进入一家大企业的研发部门工作。他认为有了一张光鲜的文凭，就可以畅通无阻，渐渐骄傲自满，谁都看不起。有一天下班之后，他和部门经理一起到达了电梯口。他抢先一步进入了电梯。部门经理念他年轻，没有计较，仍然非常耐心地跟他谈论研发工作。

吉姆还没过适用期，对研发项目了解得并不深入，但却自视甚高，开始夸夸其谈，甚至毫无顾忌地批评起了自己的前辈，说公司里的老员工故步自封，跟不上新时代的潮流，理念已经过时了，根本开发不出令人眼前一亮的新产品。部门经理让他谈谈自己的研发思路。吉姆语无伦次，居然一点儿概念都没有。部门经理没有责怪他，而是鼓励他好好学习，不要太浮躁。吉姆知耻而后勇，从此拼命学习专业知识。若干年后，他已然成为行业精英，但却一直原地踏步，没有获得晋升。

吉姆非常苦恼，绞尽脑汁寻找原因。后来他终于弄清了真相。有一次，有位高层领导到部门视察，吉姆像往常一样风风火火地冲进办公室汇报工作情况，关门时发出了巨大的响声，正在工作的同事吓了一大跳，露出不悦的神色。领导当场发火了，毫不留情地批评道：“听说你一直在申请晋升到更高的职位，却没有被批复，知道为什么吗？像你这样不懂得为别人着想，我行我素的人，是不可能管理好一个团队的。公司需要的是心智成熟的人，而不是连关门都需要别人去教的小学生。”吉姆无言以对，羞惭地低下了头。

智商不高，可以用情商补救，但情商不高，心智不成熟，是很难用智商弥补的。许多人聪明反被聪明误，大都是因为情商有待充值。古往今来，不乏恃才傲物、自以为是的聪明人，可惜他们的聪明才智并没有帮助他们迈向成功，反而成了负累。有时候人不能过于自信智力，更不能太过自负，知识是无涯的，没有人能全部掌握，技术是不断发展的，必须与时俱进，才能保证自己不被淘汰。千万不要以为有了知识和技能，就可以高枕无忧了，你的聪明才智不足以傍身，在知识技术不断更新换代的情况下，你只有不断成长进步，不断提高自己的情商指数，做一个情商、智商双高的人，才能立于不败之地。

你缺的不是才华，而是人生智慧

我的事业诞生于简单而纯正的经验之中。这种经验是真正的老师。

——达·芬奇

有这样一则寓言故事：

一只啄木鸟观察鸬鹚扑鱼，看见一群鸬鹚迅速俯冲而下，刚扎进水里不久，就衔鱼而出，十分悠然自得。啄木鸟不甘示弱，立刻绷紧身体冲向鱼群，哪知刚刚接触水面，就被巨大的俯冲力和激起的水花搞得头昏目眩，险些昏过去。啄木鸟不甘心，不相信鸬鹚轻松做到的事自己却做不到，屡屡下水挑战，累得眼花耳鸣，结果连一条鱼也没捕到。

这个故事揭示了一个简单的道理：有时候徒劳无功，并非因为才华不够，而是缺乏智慧所致。有些人天真地认为，只要肯努力，就能弥补所有的不足，就能在艰难曲折中走向成功，哪怕迈着蜗牛的舞步，也能爬到金字塔的顶端，获得雄鹰的视野。然而事实总是给人以当头棒喝，情商不足，智慧不够，只能恪守平庸，是很难有长足进步和发展的，更不要提超越平庸，谱写辉煌璀璨的人生了。

好在情商不是一个常数，而是一个变量，它是可以改变的。《哈佛商业评论》曾经发表过一篇文章，指出情商会随着人们年龄的增加有所提高，即使没有处心积虑地培养它，情商智慧也会伴随着阅历的增加而提升。也就是说，随着时间的累积、人生阅历的丰富，人的情商会慢慢提升，不会永远停滞在一个较低的水平上，这种现象很好理解，经历各种各样的事情，接触形形色色的人，眼界拓宽了，见识增加了，观察能力、分析能力增强了，对人对事的理解就会更加透彻，处事自然更加理性，看起来必然更加成熟稳重了。年轻人情商低，是因为阅历浅薄，只要及时走出舒适区，到更广大的天地里锻炼自己，就能有所改观。最怕抱残守缺、安于现状，已经步入社会，却不能成熟起来。

有个职场新人毕业于知名高校，简历做得非常棒，专业课成绩也很优秀，在校期间荣获了不少荣誉证书和奖项，各类技能证书一应俱全。凭借着优越的条件，他十分顺利地被一家大企业录取了。HR非常看好他，简单地面试了之后，就给他安排了工作岗位。不料，这位新人刚入职两个月，就招致了部门所有同事的厌弃。部门组队做项目，谁也不愿跟他一组，他成了不受欢迎的人，处境非常尴尬。

一个新人怎么可能在那么短的时间内得罪所有人呢？原来，这个高材生刚刚走出象牙塔，不了解职场环境，把校园作风带到了办公室，不知不觉引发了很多矛盾。在学校他是辩论高手，习惯在辩论大赛上把对手驳斥得体无完肤，以表现自己的出色口才。上班以后，他保留了原来的作风，喜欢在晨会和例会上否定别人的建议和想法，经常把发言的同事批驳得哑口无言，久而久之，把大家全得罪了，几乎没有人愿意跟他讲话了。

一个人从幼稚走向成熟，从低情商伪精英蜕变成高情商智者，需要一个漫长的过程。没有人生来就拥有高情商，成长中的每一个脚印，都或深或浅地为你的情商年轮加码。哈佛人的高情商是历练出来的，不是与生俱来的。初次步入社会，哈佛学子也一样青涩，一样迷茫，不过随着人生维度被不断拓宽，阅历厚度的增加，他们的心性会变得更加成熟，所接受的情商教育将潜移默化地发挥作用，恰好与人生经历的沉淀相得益彰，这才是哈佛学子成才的关键。

提升 EQ，把软肋变成优势

一个没有情商的人一旦走向社会，又没有自我教育能力，就如同孤魂野鬼一样，粗糙地吞噬和谐文化。

——丹尼尔·戈德曼

我们知道，情商会影响工作、生活和事业，它是制约人升迁晋级的重要因素，一不小心就会发展成自己的劣势和软肋。那么该如何应对这种局面呢？其实不必太过担心，情商不同于智商，它是不断发展变化的，并不会成为一个人永恒的硬伤，只要愿意改变，就有希望提升它的指数，把原来的软肋变成优势。

哈佛大学心理学家威廉·詹姆士认为，行为和情绪是高度统一的。情绪有时虽不受意志控制，但行为听从意志指挥。所以纠正和调整行为，可间接调整情绪状态。也就是说，如果主观上想提高情商，却苦于无法控制情绪，那么可以换种思路解决问题，先控制行为，然后让行为作用于情绪，以曲径通幽的方式达成目的。

有个女孩喜欢理发，花了高价学习这门技艺，学成之后，在市中心的大型发廊找到了工作。师傅是一个三十出头的干练女性，旗下拥有多个连锁发廊，服务的对象多半是追求时尚的年轻人，也有不少中年男女。由于技艺精湛，待人热情，新老顾客都愿意到她这儿理发，还经常介绍朋友给她，发廊的生意一直很红火。

但女孩进入发廊工作的第一天，就遇到了一个挑剔的顾客。顾客看着镜子里的新发型不高兴地说："头发剪得太短了。"女孩十分不悦，立刻反驳说："我是按照你的要求剪的呀。"顾客沉下脸来刚要发作，师傅走过来，微笑着解释说："短发正适合您呢，您自己瞧瞧，现在是不是更清爽更有活力了，一下年轻好几岁呢。"顾客听完，喜滋滋地走了。

女孩服务的第二位顾客，照了照镜子，皱眉道："你没怎么剪啊，这发型和原来没有多大区别，头发还是那么长。"女孩说："你没有说清楚要留多长啊，怎么能怪我呢？"顾客不满意地说："你什么态度啊？"师傅见状，赶紧过来打圆场："头发长，让您看起来更加有气质，这叫含蓄美。您的气质配上这个发型，非常符合您的身份。"顾客听完，欣然离去。

第三位顾客嫌女孩剪得太快了，不满意地说："怎么十五分钟就剪完了？动作也太利索了吧。"女孩回击道："只剪个刘海，难道要花好几个小时时间，让我一根一根处理吗？""你怎么说话呢？"顾客刚想吵架，师傅又赶来救场："我们知道像您这样事业有成的人，时间就是金钱，每一分钟都很宝贵，剪得快是为了给您节省时间，希望您不要介意。"顾客听了，十分受用，欣然告辞。事后女孩反思说："我知道我情商低、惹人烦，可是我真的控制不了自己的情绪，该怎么办呢？”师傅语重心长地说：“控制不了情绪，就先控制自己的行为，管好自己的嘴就可以了。”

由于人的大脑中情绪和认知是分开处理信息的，在某些情况下，用理智压制情绪往往不会收获良好的效果，还有可能适得其反，造成坏情绪的反弹。这时可以考虑先控制行为，让行为带动情绪。情商低的人都有一个共性，就是不计后果，过分情绪化，行事鲁莽冲动，不能对脑海里一闪即逝的念头把关，伤人的话总是脱口而出，或做出不恰当的举动。针对这种情况，最好先管住自己的行为，以免做出日后让自己后悔不迭的事情。

把控行为，是管理情绪的第一步，要想全面提升情商，还要做到以下几点：

★把注意力适当转移到他人身上

情商低的人往往以自我为中心，对他人漠不关心。做事只考虑自己的喜好，不考虑是否会伤害他人的感情，这样非常容易引起冲突。多多关注他人的感受，是化干戈为玉帛的最佳良方。

★提高道德素养

高情商不是要弄心机，采用各种娴熟的技巧骗取别人的信任和好感，以达成不可告人的目的，而是真心对别人好，乐于付出友谊，愿意不遗余力地表达善意。

★学会反思和自省

我们都不是圣人，每个人都会犯错，也许会因为敏感或其他原因，莫名拍案而起，不小心伤害了别人。但是事后要及时反思，不能用“耿直”“真性情”的谎言自圆其说、敷衍了事。

HARVARD PSYCHOLOGY

哈佛第二课

破解情绪密码——识别情绪，发掘未知的自己

喜怒哀乐，皆源于心

如果世界上有地狱的话，那就存在于人们的心中。

——罗伯顿

月有阴晴圆缺，人有悲欢离合。生活中，每个人都或多或少地受到过情绪的困扰。哈佛大学教授泰勒·本·沙哈尔说："世界上只有两种人不会难过、伤心、失望。一类是精神病人，一类是死去的人。所以，只要你是人，你就会难过、会痛苦、会伤心和沮丧。"的确，当你无故受到批评责骂时，可能一整天心情低落；看到某个有纪念意义的物品睹物思人时，或者听到一段熟悉的旋律，勾起隐秘的回忆时，会百感交集，不由得感伤；和亲密的人闹矛盾，有时候会歇斯底里，不能自已。

只要是真实的人都有喜怒哀乐情绪的变化。哈佛精英也不例外。他们是有血有肉有思想有情感的人，内心深处也有正常的波澜起伏。所不同的是，他们不是情绪的奴隶，不会被坏情绪牵着鼻子走。

所谓的高情商并非是指没有情绪，而是指善于管理和控制情绪，不让破坏性情绪影响自己的工作和生活。想要做好情绪管理的工作，首先要了解情绪是怎么产生的，它遵循怎样的逻辑和规则，运用什么科学方法才能更好地驾驭它。从科学的角度来看，情绪的产生与人类的进化有关。与自然界的飞禽走兽相比，人类在听觉、视觉、嗅觉、体能和预警系统方面存在着先天性的弱势，为了生存，进化出了一整套复杂的自我保护机制和趋利避害的本能。当形势有利时，比如猎到了食物，找到了宜居的住所，受到肯定，或者被异性青睐，就会产生积极的情绪。反之，情况不利时，忍饥挨饿，遭到猛兽的追赶袭击，被群体冷落或抛弃，就会产生恐惧、焦虑、愤怒、悲伤等消极情绪。这些情绪反应动物也有，不过不像人类那样敏感和强烈。从人类进化的角度来说，心随境转，境由心生，一切情绪的产生都是正常的。

哈佛教授泰勒·本·沙哈尔曾经毫无保留地分享过自己的一段人生经历：第一年在哈佛教课，课堂上只有八名学生。有一天他在餐厅吃饭，一个没选他课程的学生走过来对他说："听说你在教幸福课，我的室友在你的课堂上，如果我发现你心情不佳，一定会告诉室友。"泰勒·本·沙哈尔不以为然地说："不要以为我教授幸福的方法，就会每天乐呵呵地，只有死人和精神病人才感觉不到痛苦。"

泰勒·本·沙哈尔尊重自己的情绪和感受，并且无条件地接受它们，从来不去刻意掩饰什么。他坦然承认，儿子大卫刚出生不久，他便产生了嫉妒之心，因为妻子把注意力转移到了孩子身上，夫妻之间不像以前那么亲密了。过了一段时间，他感觉自己非常爱儿子，爱到无法自拔，心情无比矛盾，一会儿疼爱儿子，一会儿又嫉妒得要命。他仔细回味这些感受，觉得自己的内心被浓浓的爱意和初为人父的喜悦之情填满。

泰勒·本·沙哈尔的人生经验告诉我们，拒绝接纳自己的情绪，不允许负面情绪的激流在体内流淌，是坏情绪挥之不去的根源。每个人都希望自己只有喜悦和快乐，没有愤怒、悲伤，做一个充满阳光和活力的人物，每天传播正能量，但这是不现实的。情绪是进化的产物，我们不可能战胜它，唯一能做的是，识别自己的情绪，并合理地疏导它，避免被情绪的洪水淹没。

天堂和地狱本是一念之差，都是心境使然，只有尊重自己的生物属性，允许自己做一个自然人，才能游刃有余地驾驭情绪。当然，接受和尊重自己的各种情绪，并不意味着放纵自我，胡乱发脾气，像小孩子一样无理取闹，动辄大哭大笑，而是指遵从自己的内心，直面真实的自我，采用妥善的方式消化不良情绪，不去做欲盖弥彰的蠢事，不自欺欺人，遵照情绪的规律，合理地宣泄和疏导情绪，使坏情绪消失于无形，使积极情绪服务于自身。

情绪变化也有周期

如果能左右自己的思想，就能够控制自己的情感。

——W. 克莱门特·斯通

19 世纪，英国医生发现经常头痛精神疲劳的患者，每隔 28 天就会旧疾发作，于是就把 28 天定性为情绪周期。研究表明，人的情绪确实存在周期，符合一般性规律。人类是自然之子，逃不开自然规律的约束。潮涨潮落、春华秋实、太阳东升西落等自然现象，在某种程度上，牵动着人的情绪变化。春暖花开、阳光普照，总能让人产生快乐的感觉，而寒冷肃杀的景象、阴雨连绵的天气，则会令人倍感烦心，日照时间减少，甚至能直接引发抑郁。

在没有经历挫折和打击的情况下，人的情绪也有波动。有时候，莫名胸闷气短、莫名忧伤，心里好像潜藏着一股无名怒火，这些奇怪的心理现象其实都是正常合理的。无论是男人还是女人，无论是情商高的人还是情商低的人，情绪的起伏变化，都遵循28天周期定律。一般而言，前半段时间是情绪高潮期，人的身心被正面情绪占据，感觉放松愉悦，内心安宁，后半段时间步入低潮期，人的身心被消极情绪占据，感觉烦躁不安、易怒易激惹。过渡阶段被称为"临界期"，临界期为两三天，人处在这个阶段，身心状态较差，比较容易失控。

期望自己的情绪永远波澜不惊，或者希望自己永远开心快乐，几乎是不可能的。情绪管理的最佳方案就是找到情绪变化的规律，在周期的临界期和低潮期，及时调节自己的精神状态和心理状态，把负面情绪的影响降到最低。可以考虑利用冥想训练的方式清空大脑，放飞心情，也可以从事一些体育活动，通过流汗和消耗能量的方式，把消极情绪排解出去。最有效的办法是从亲密关系中获得长久的情感支持。因为没有建立良好的亲密关系，很容易陷入负面情绪的泥沼。

比尔是一家贸易公司的经理，工作能力很强，颇受高层赏识。有一天上班之前，他因一点儿琐事和妻子大吵了一架，心情无比糟糕。上午他如约会见客户，在交谈的整个过程中，始终心不在焉，虽然一直强颜欢笑，却掩饰不住厌倦的情绪，客户很不满意。

这桩生意很重要，不允许有半点儿闪失。可比尔总是不在状态。结果谈判搞砸了，客户愤然起身告辞。比尔慌了，连忙拦住客户道歉。客户没有给他机会。一份大单就这样泡汤了。事后，公司觉得比尔难当大任，对他做了降职处理。比尔愤恨难当，索性提交了辞呈，职业生涯毁于一旦。

哈佛大学开启过一项长达 75 年的项目研究，研究对象多达 724 人，专家们花费了多半个世纪的时间寻求答案，终于明白了究竟是什么因素能让人持久保持健康和愉悦。专家追踪的第一组成员是哈佛大学大二的学生。追踪的第二组成员是出身波士顿贫民窟的男孩，他们全都生活在肮脏混乱的街区。两组年轻人步入社会后，有的变成了医生、律师、工人，其中一个当选为美国总统，有的堕落成了酒鬼，有的患上了严重的心理疾病，部分人跨越了阶层壁垒，从社会底层晋升到主流社会，而有的人而恰恰相反，从高处一路坠落，一直滑到谷底。

按照惯性思维，人们会认为那些成功人士一定情商很高，身心愉快，所以发展顺利，而那些可怜的失败者，一定是情商太低，破罐子破摔，一手炮制了自己的人生悲剧。事情没有那么简单，哈佛大学专家得出的结论是，与家庭成员亲密的人，喜欢跟人相处，拥有更多的朋友和友善的邻居，情绪比较稳定，更幸福、更健康，事业也更成功。反之，离群索居、孤独寂寞的人，不能从社会关系中获得情感支持，情绪波动大，易于陷入抑郁，容易生病，事业发展也不顺利。

任何人都不能阻止情绪的起起落落，情绪变化有周期，谁也不能避开情绪的低潮期，但积极主动地从社会关系中汲取正能量，可以使人快速从低潮期挣脱出来，过上健康幸福的生活，全身心地投入到事业之中。

为什么理智总败给情感

如果你对周转的任何事物感到不舒服，那是你的感受所造成的，并非事物本身如此。借着感受的调整，可在任何时刻都振奋起来。

——奥雷柳斯

人们常以为高情商的人普遍比较理智，不受感情所左右，而低情商的人感情用事，遇事便丧失理智，所以想要提高情商必须让理智始终占上风。这种观点显然把问题简单化了。理智和情感是对立统一的关系，须达成微妙的平衡，才能处理好情绪。生活经验告诉我们，靠理性意志压制情感并不能解决情绪问题，大多数时候理智都会败给情感。那么为什么理智会输给情感呢？

以哈佛毕业生奥巴马的人生经历为例。他的童年非常特殊，父亲很少出现在他的视野里，母亲远走他乡，为了给他提供更好的物质条件，在世界各地谋职。父母角色的缺失，使他养成了独立坚强的性格，但也给他带来了不少困惑。青年时代，身为黑色人种的他饱受身份认同障碍的困扰，差点儿自暴自弃。关键时刻，母亲给他写了一封令他声泪俱下的长信，他这才振作起来，最后顺利完成了学业。

奥巴马的心路历程在一定程度上能反映出理智与情感的博弈，一向理智的他也曾经败给情感，这并不奇怪。早在半个世纪前，心理学家埃利斯便提出了情绪 ABC 理论，A 为激发事件，B 为对事件的评价评估以及由此而产生的信念，C 为情绪和行为后果。人的情绪和行为并不是由事件直接引发的，中间有一个评估评价过程，正是对事件的看法和认知，导致了各种情绪的产生。一般而言，非理性的错误认知是促成坏情绪爆发的主要原因。理性为何不能发挥作用呢？原因很简单，负面事件发生时，人的认知往往会屈从于第一反应，非理性的评价将启动情绪按钮，使人头脑发热，怒火喷涌。

有个年轻人因为失恋郁郁寡欢，认为自己是天底下最不幸的人，心理医生告诉他，事情不像他想象得那么糟糕，接着给他举了一个例子：“有一天你坐在长椅上休息，把书放在了旁边，有个陌生人走过来，一声不吭地坐在你的书上，把书压坏了，你会怎么想？”年轻人不假思索地回答说：“我很生气，他太粗鲁无礼了，怎么能随意损坏别人的东西呢？”心理医生又问：“如果他是个盲人呢？”年轻人说：“他看不见，根本不知道长椅上有本书，我当然不会责怪他了。”说完，又不安地说，“好在长椅上只是放了本书，要是放了什么尖锐的东西，他岂不是会受伤？”

心理医生微笑着说：“那么你还会生他的气吗？”“不会。他不是故意的。我甚至有点儿同情他的处境。”年轻人如是说。心理医生总结道：“同一件事情，你的前后反应却判若两人，你知道是什么原因吗？”年轻人说：“可能是我对事情的看法改变了吧。”心理医生满意地点了点头。

以前，人们皆以为是某个事件刺激了自己的敏感神经，导致自己怒火爆发。心理学家告诉我们，事件本身并不会引发剧烈的情绪反应，是人的非理性看法、错误的解读方式，诱发了各种各样的负面情绪。在情绪 ABC 模型中，B 评估评价环节受到情感因素的干扰，它可能是一种自动化的思维，也可能是一种本能反应，通常与理智背道而驰，它的存在直接打乱了理性思维的链条，使理智瞬间失灵。所以从某种意义上说，强求理智战胜情感是不现实的，我们必须找到更好的方式协调理智和情感的关系，处理好自己的情绪。要做到这点，首先必须树立正确的认知：

◇人的念头可以是理性的、合理的，也可以是非理性的。有时候人的自由意志会受到后者的影响。

◇情绪是伴随着观念的形成而产生的，错误的观念造成了情绪障碍，事件本身对人的伤害是有限的。矫正观念是突破情绪 ABC 理论的关键。

◇人具有生物属性，不可能时时刻刻都处在完美的理性状态。

◇人有理性思维，但却是感性动物，真实的情感不能被消灭，但是我们可以通过改变认知的方式来调整自己的感受，进而调整自身的心理状态。

情绪化，原来是“内在小孩”作祟

成功的秘诀就在于懂得怎样控制痛苦与快乐这股力量，而不为这股力量所反制。

——安东尼·罗宾斯

为什么你很努力、很优秀，却不能肯定自己，总是感觉焦虑？为什么别人脱口而出的无心之言或者一个不经意的眼神，总会让你感觉备受伤害？为什么你渴望得到爱，渴望亲密关系，却故意把别人推远？为什么你有时小心翼翼地讨好别人，有时又恨不能终结所有关系？这些答案都隐藏在童年的密码里，那些遥远的记忆就是你情绪化的根源。

有些童年创伤随着时间的流逝，可能被淡忘了，但是它的影响并没有完全消除，创伤的阴影仍然在你的体内潜滋暗长。每个人的心里都装着一个任性的“内在小孩”，“内在小孩”是被童年的经历塑造出来的。它可能蛮不讲理，可能多愁善感，可能肆意妄为，有时候你感知不到它的存在，却受到它的控制。某些情况下不知为什么忽然生气、发脾气或者对某些话语分外敏感，就是被“内在小孩”驱动所致。要想弄清“内在小孩”脾气暴烈的原因，就必须打开尘封的记忆，回忆一下童年往事以及原生家庭的相关情况。

哈佛大学教授泰勒·本·沙哈尔曾经在课堂上讲过这样一则故事：有对双胞胎生在一个不幸的家庭，父亲脾气暴躁，动辄打骂妻儿。双胞胎长大以后分别建立了家庭，哥哥变成了一个好丈夫、好父亲，对妻子呵护备至，对孩子关爱有加，一家人过得幸福美满。弟弟却活成了父亲的翻版，经常无缘无故大发雷霆，一不高兴就打骂妻儿。显然，弟弟是被“内在的小孩”控制了，而哥哥战胜了心魔，摆脱了“内在小孩，”活出了全新的模样。

当你还是一个不谙世事的孩子的时候，是非常弱小和无助的，你的安全感源自父母无条件的支持和爱，如果感受不到家庭温暖，总是被忽略被斥责被比较被否定，就会产生各种情绪障碍。长大之后，不仅很难自我肯定，而且会神经过敏，无法与外界建立和谐、健康的关系，情绪比较容易失控，负能量随时都有可能像火山岩浆一样喷发出来。

詹姆斯是个非常情绪化的人，只要遇到一点儿不顺心的事，就暴跳如雷，为此不知伤害了多少人。事后他总是很后悔，但依然克制不了自己，与人相处经常一言不合就翻脸。在公司他是一个中层管理者，常常因为一些微不足道的错误把下属骂得狗血淋头，员工纷纷辞职，部门每年都要招募新人补充新鲜血液，大部分人坚持不到年底也被骂走了。由于人员流动频繁，重要项目多次延期完成，老板已经颇有微词。

詹姆斯的事业遇到了危机，家庭生活也很不如意。他每天都和妻子吵架，两人天天吵得面红耳赤、不可开交。妻子再也忍受不了他的坏脾气，主动提出了离婚。詹姆斯差点儿崩溃了。他没想到公司抛弃自己之后，连伴侣也要弃自己而去，心情低落到了极点。晚上忍不住啜泣起来。妻子第一次看到他哭，心软了。两人开始尝试交谈。

詹姆斯说，从小他便活在哥哥的光环里。哥哥成绩优异，又踢得一脚好球，全家人都为其骄傲。而他自己却因为各方面表现平平，不曾受到关注。长大以后，他发誓要超越哥哥，向全世界证明自己优秀。在公司里，他杀伐决断，不允许下属质疑自己的权威，在家里要充当领导者，展现自己的领导才能。可是所有人都跟他作对，不认可他的领导地位，这让他很受伤，为此他总是忍不住发火，无法控制自己的情绪。

也许你不知道，童年时代掩埋的创伤给你日后的人生造成了多大的影响。你的大多数情绪问题都与童年的不幸遭遇有关。你的“内在小孩”就是这些负面记忆的副产品。你经常情绪失控，不是天生情商低，而是过往的创伤没有被抚平，尽管伤疤已经结痂，却仍然在你的灵魂深处隐隐作痛。想要彻底摆脱情绪化症状，就必须先明白自己为何如此情绪化，情绪化的症结是什么。找到了其中的因果关系，对症下药，方能摆脱“内在小孩”的阴影，重塑美好的自我。

你不是为无知付费，而是给任性充值

青春是没有经验和任性的。

——泰戈尔

情商低的人大都比较任性，习惯我行我素，总是肆意妄为，行事乖张，情绪变化无常，让人捉摸不透。这类人很少考虑别人的感受，像不懂事的孩子一样霸道自私，让人无比反感，那么这种性格是怎么形成的呢？心理学研究表明：从小娇生惯养，备受宠溺的人，习惯了被人照顾，习惯了独占资源，久而久之，就形成了任性的性格，只知道索取不知道付出，较少顾忌别人的需求和心理感受，一旦要求得不到满足，就会无理取闹、乱发脾气。

任性不是先天的，而是家庭错误养育的结果。父母无条件地满足孩子的无理要求，孩子长大成人后，很有可能成为低情商的人。哈佛学子接近一半出自优越家庭，但是少有人变成纨绔子弟，大多数人都彬彬有礼，知道如何照顾他人的情绪，究其原因，在于他们接受了良好的家庭教育，进入哈佛以后，又受到精英教育的影响，情商得以进一步提高。现在的年轻人，不少来自独生子女家庭，幼年时代集万千宠爱于一身，养成了以自我为中心的思维习惯，步入社会以后，依旧只听凭自己的秉性做事，不考虑后果和影响，更有甚者放任自己，做出一些具有破坏性的行为，给别人带来了无穷的麻烦和无可估量的损失。

有一家知名报社，报纸生产印刷已经实现了高度自动化，只需少量员工在流水线上作业，就能大批量地印刷出次日发行的报纸。报纸的印刷工作大都是在夜间完成的，报社雇佣了一名员工操纵机器，整个流水线都由他来掌控。他的工作比较轻松，只需监控指示灯，看看流水线是否正常运行就可以了。

有一天，报社领导来视察工作，认为夜半时员工做事懒散，非常生气，便毫不留情地批评了一番，并严厉警告他说再不端正工作态度就会被辞退。这名工人受到责骂后特别消沉，没有心思继续工作了，满脑子都是领导的批评之声。上夜班时，他站在机器前，越想越生气，觉得领导实在欺人太甚，自己绝不能善罢甘休，于是起身进入卫生间，拿起一卷厚厚的手纸，狠狠地砸向了流水线。报纸印刷工作立刻停了下来。当晚报社停产，蒙受了巨额经济损失。

每个人都有脾气，每个人都有情绪不佳的时候，高情商的人通常能管理好自己的情绪，无论发生什么事情，都不会做出过激的举动，而低情商的人一味任性，在关键时刻，无法把控自己的情绪状态，有时候因为一时的热血上涌，做出不理智的行为，以至酿成恶果。

任性的性格不是一朝一夕形成的，因此也不可能在短时期内改变，但只要掌握了一定的技巧，就能初步解决情绪化的问题了，那么具体该怎么做呢？首先要学会观察情绪，以便拿回情绪的主动权。回顾一下，你为什么会被坏情绪控制。也许你觉得只是因为一时气愤，让情绪的洪水吞没了自己，以致沉溺其中，丧失了对抗的能力。其实是你用负能量喂养了自己的坏情绪，只是你自己不知道而已。情绪激动时不妨坐下来，闭上眼睛，慢慢调整呼吸。感受自己的呼吸，让呼吸均匀、绵长、平稳，让它像潺潺溪水流入心田 。不去判断，认真感受它，听听你的情绪在传达什么信息？是愤怒，悲伤，委屈还是其他的感觉。找出问题所在，然后想办法解决它。

想象灾难化后果。设想一下，如果你无所顾忌，依旧任着性子行事，最坏的结果是什么？你可能失去一笔丰厚的奖金，失去晋升的机会，甚至失去工作，毁掉前途。也有可能失去最好的朋友，多年辛苦经营的友谊不复存在。还有可能失去亲密伴侣，失去美满的婚姻，变成一个孤单的可怜人。更有可能失去健康，罹患包括胃溃疡在内的各种疾病，从此饱受病痛的折磨。这样的结果是否是你能承受的？如果答案是否定的，那么务必要下定决心控制情绪，千万不要让你所忧虑的事情成真。

潜意识——海面下的冰山

没有口误这回事，所有的口误都是潜意识的真实的流露。

——弗洛伊德

提及情绪，人们首先想到的是消极的影响，恨不能把所有不利于自己的情绪都抹去。然而紧张、恐惧、悲伤、愤怒等情绪是不可能被轻易擦除的，你越是希望它消失，它越是纠缠不清。其实情绪是潜意识的信号，每种情绪都包含了大量隐秘的信息，只有破解潜意识密码，你才能了解自己的情绪，更深入地了解自己的内心世界。

著名心理学大师弗洛伊德认为，人的心灵好比一座巨大的冰山，露出水面的可见部分只是冰山一角，它代表意识，海面下的部分代表潜意识。潜意识才是冰山的主体，它的影响无所不在。大脑活动中显意识所占的比例不足10%，而潜意识占据的比例远远超过90%。也就是说人的思想、感知其实是由潜意识控制的，意识起到的作用极其有限。

20世纪90年代末，哈佛大学研究过潜意识信息对广大老年人的思维判断及行为的影响。受试的老年人被分成了两组，一组在玩电脑游戏时，屏幕上快速闪过“聪明”“敏锐”等积极词汇，另一组屏幕上不时闪过“生病”“衰老”等消极信息。结果第一组老人在实验结束后，走路时步伐加快，变得很有活力。第二组老人行动迟缓，显得更加老迈颓丧。可见潜意识接受了积极信息，积极的情绪就会被调动起来，进而提升整个身心健康的水平。

由于潜意识隐藏在海平面以下，人们平时几乎感知不到它的存在。想要捕捉它、识别它、分析它，是有一定难度的。但这并不意味着找不到它的蛛丝马迹。事实上，梦境就是潜意识的产物。人们在梦里往往能发现自己隐秘的心理需求和某种超出常规的渴望。一闪即逝的念头和下意识的动作，也是潜意识的反应。有时候玩世不恭的口头禅和看似愚蠢的口误，都是潜意识的真实流露。

有一位咨询师在台上跟众人分享自己的人生经历时，忽然说了一句让人啼笑皆非的话：“当年我嫁给我老婆的时候……”观众顿时议论纷纷，现场一片混乱。咨询师见人们全都交头接耳议论自己，一脸尴尬，马上微笑着解释道：“不好意思，口误口误。”观众不以为然，一个成年人怎么可能犯这种低级错误呢？

咨询师意识到掩饰已经没有任何意义了，只好坦白说，当初跟妻子结婚，因囊中羞涩，不得不投奔岳父，在岳父、岳母家寄居了五年，他才有了属于自己的住所。显然，那段充当上门女婿的经历，让他倍感压力，甚至让他觉得耻辱，尽管日后他过上了独立的生活，也依然对寄人篱下的五年时光耿耿于怀。所以不经意间的“口误”瞬间暴露了他内心深处的真实想法，让他无所遁形。

你可能不像你想象中那样了解自己。你的言谈举止和情绪反应，只有少部分是受意识支配的，大部分是由神秘的潜意识主宰和控制的。潜意识可能会让你无所适从，有时候你莫名其妙地焦虑、恐慌、莫名想哭或想发火，有时候突然产生违背自己信念的欲望和强烈冲动，都是潜意识作祟。潜意识传达的信息不能被忽略，因为它反映的是你的内心冲突，你不去处理，它就会以摧古拉朽的方式摧毁你的生活。

认识到潜意识的惊人力量以后，更应该多花点儿时间剖析自己。如果你对现有的生活不满意，如果你总是沮丧、失望、恐惧、恼怒，那么必须弄清楚这些感觉从何而来，你究竟想要什么。了解自己的情绪，理清自己的情绪，才能从根本上解决问题。

哈佛大学医学院心理学家乔瑟夫・史兰德以克服恐惧情绪为例，提出了以下几个行之有效的策略：

◇优化交流方式，在沟通过程中提取积极信息，以减轻心理负担。

◇把恐惧情绪转化为对他人的信任。

◇观察自己恐惧时的身体反应。

◇观察社会群体是怎样引发恐慌的。

◇分析童年和家庭生活对情绪的影响。

担忧、恐惧或其他消极情绪的产生是潜意识操作的结果，它们在一定程度上反映了人们惧怕、排斥和不愿接受的东西，想要减轻消极影响，除了要主动了解自己的身心状态以外，还要学会信任外界，加强与外界的沟通，慢慢打消疑虑，让自己逐渐从阴影中摆脱出来。

脾气是情绪失调的副产品

狂暴的人总是从一个极端到另一个极端。

——托·富勒

一个人喜欢发脾气，有两种情况：一是盛气凌人，不懂得尊重别人；二是情绪没有得到宣泄和表达，内心软弱无助，只能靠发火缓解压力。无论哪种情况都是不适当的，不分时间、不分场合地肆意发脾气，是退回到孩童时代的表现，不仅有损于个人形象，还会带来一系列的负面影响。

客观来说，每个人都有情绪失调的时候，都有按捺不住自己，忍不住想发火的时候，长期压抑和忍耐不利于身心健康，可是向别人发泄、转移怒火，会不可避免地伤害到他人的感情。那么该怎么做才比较妥当呢？最好的办法莫过于找到适合自己的发泄途径。

哈佛大学学子虽然和善有礼，但迫于学业压力，也经常产生各种负面情绪。与低情商者不同的是，他们不会把火气转向他人，而会通过无伤大雅的途径把满肚子的愤懑发泄出去。哈佛校园长久保留着午夜尖叫的传统。每到期末大考，学生们就趁夜走出寝室，朝虚无的夜空大声尖叫，尽兴之后若无其事地回到房间备考。据说期末考试的第一晚，许多学生来到哈佛广场一边放声尖叫，一边疯狂奔跑。在空旷的空间大喊大叫，似乎不太明智，但至少比朝别人大发脾气要好。一个人如果不擅长宣泄负能量，就会不知不觉地把攻击性转向外界，将给别人带来伤害和困扰。

有个小男孩，脾气非常大，遇事总忍不住发脾气。有一天，父亲交给他满满一口袋钉子，说："你每次发脾气，就在篱笆上钉一枚钉子。"小男孩照做了。第一天，他就在后院的篱笆上钉了37枚钉子。由于频繁发脾气，小男孩天天忙着钉钉子，十分疲惫。他渐渐发现，控制脾气比吃力地往篱笆上钉钉子要容易得多。于是下定决心尽可能地减少发脾气的次数，以免除钉钉子的苦役。

经过努力，小男孩终于掌握了控制情绪的方法，不再任性发脾气了。父亲又说："你生气时能忍住不发脾气，就拔掉一枚钉子。"小男孩开始拔钉子。过了一段时间，篱笆上所有的钉子都被拔光了。父亲把他带到篱笆前，语重心长地说："孩子，你终于克制住自己的脾气了。可是你看看篱笆，上面布满了深深的小洞，你想让它变回原来的样子，几乎是不可能了。你发怒时随口说出的伤人话，就像一枚枚钉子，深刻地钉在了别人心上，留下的伤疤是无法抹平的。无论你道歉多少次，那些伤害也不会消失。"

人们常以为真诚的道歉可以弥补一切伤害，其实并非如此。每一次伤害，每一次脱口而出的伤人话语，都会在别人心上留下深深的印记，永远都不可能抹除。如果不想搞砸人际关系，最好不要轻易朝任何人发火。心里积满了火气，可以通过叫喊、捶打枕头、跑步等方式宣泄，冷静下来以后要弄清自己为什么发脾气，是主观上想发脾气还是仅仅是因为克制不住自己。如果是第一种情况，可能基于以下两个原因：

◇在以往的经历中，发脾气曾经帮助自己达成目的。

有时候以激烈的方式表达不满，可能迫使别人妥协，得到自己想要的结果。人们一旦发现发脾气对自己有好处，就可能把它当成万能良药，每次出现纠纷时就狂喷怒火。然而在大多数情况下，这种野蛮无礼的方式是不被接受的，乱发脾气的人常常会搬起石头砸自己的脚。

◇高估了环境的安全性。

人们以为对关系亲密的人发脾气，就会得到对方的包容和谅解，不会受到责怪。因此，总是对陌生人笑脸相迎，对亲朋好友肆无忌惮。朋友之间老死不相往来，亲人反目成仇，都是这种错误想法惹的祸。

主观上不想发火，却无法控制自己的情绪，原因比较复杂。可能是因为受过伤害，对自己不满，不知不觉把敌意转投到了别人身上。也可能是因为缺乏爱，从小不被接纳和认可，所以一旦受到置疑，便觉得是奇耻大辱，忍不住要采用极端手段维护自己的自尊。还有可能是因为对他人不满，潜意识想借发脾气来表明自己的立场和态度。弄清自己情绪失控的根源，对症下药，方能改善自身的状态，与自己和他人建立起和谐融洽的关系。

了解自己，从体察内心开始

每个人都是月亮，总有一个阴暗面，从来不让人看见。

——马克·吐温

一位哈佛学者说：“成熟者能看到社会或者人生的阴暗面，却不被阴暗面所吓倒。”一语道出了哈佛人的处事态度。情商高的哈佛人不仅能接受社会的阴暗面，不因看到浊流而恐惧，能够保持善良纯真的品性，而且能接纳自己的瑕疵和阴暗面，诚实地面对自己。哈佛教授在授课时，经常会毫无保留地讲述自己人生的困惑，坦然地承认自己的弱点，大方地承认自己的情绪问题，从来不会费尽心思地包装和美化自己。

一个人想要真正了解自己，真正明白自己的情绪问题，须从体察内心开始，而体察内心的第一步就是拥抱自身的阴暗面，裸呈自己的灵魂。诚然，这样做需要莫大的勇气。出于维护自尊的需要，很多人都会千方百计地掩饰问题，不愿意展现自己真实的一面。不是每个人都能像思想家卢梭那样挥笔写下《忏悔录》的，用犀利的解剖刀无情地解构剖析自己的灵魂，鞭挞自己的劣根性。不想将内心隐秘的部分公之于众是人之常情，但面对自己的时候，必须百分之百诚实，不能自我欺骗。

不可否认的是，人性是不完美的，人性的弱点体现在很多人身上，每个人或多或少都有些心理上的问题。有时候嫉妒、仇视、悲伤、愤慨是因为受到外界刺激产生的本能反应，是自我保护机制在起作用。如果不敢承认问题的存在，无休止地掩饰，有可能永远深陷其中无法自拔。只有勇敢地承认问题，才能找到最佳的解决办法。

在美剧《绝望的主妇》中，勒奈特是一个雷厉风行的女强人。在职场上，她精明强干，独当一面，堪称“白骨精”（白领骨干精英）典范，在家里也一样，处事果断，领导派头十足。她总是对丈夫汤姆呼来喝去，指手画脚，发布命令要求对方必须执行。因为太强势、太专制，婚姻差点触礁。汤姆容忍了她的坏脾气，主要是因为勒奈特坦然承认了自身存在的问题。由于成长于病态的原生家庭，她必须代替父母照顾兄弟姐妹，只有掌控住局势，她才能保证自己和兄弟姐妹的安全，所以控制欲极强。汤姆了解了她的伤痛，不再跟她斤斤计较，两人在谅解和相互妥协中维系住了婚姻。

勒奈特能打赢婚姻保卫战，靠的就是坦然承认自己阴暗面的勇气。她是一个坦率的人，乐于面对真实的自我。在处理人际关系方面，她习惯承认自己的弱点和瑕疵，这样做不仅没有招致反感，反而使她显得更真实，不知不觉中增添了亲和力。好友布瑞由默默无闻的家庭主妇，荣升为美食栏目的主持人，还出版了多部食谱，事业风生水起。勒奈特承认自己很嫉妒，布瑞不仅不讨厌她，反而觉得如此真实的人值得深交。

无论一个人的内心有多么美好，都有可能潜藏着某种令人不安的因素。情绪不外露，并不代表内心没有挣扎。只向人们展露自己光鲜亮丽的一面，不代表没有阴暗的一面。作为一个饱经世事沧桑的成年人，我们不可能拥有婴儿般纯洁无暇的眼睛，也不可能拥有孩童般纯洁无瑕的灵魂，我们的眼睛可能蒙尘，我们的心灵可能伤痕累累，内心世界可能藏污纳垢，充斥着不少戾气。这不是我们的错。毕竟我们不是天使，不是圣人，而是凡夫俗子。我们有俗人的欲望，俗人的伤痛，俗人的苦恼，有各种各样的负面情绪，内心深处经常翻江倒海，这是一种正常现象。我们必须学会正视自我，不加判断地体察自己的内心活动，让所有的问题暴露出来，才能发现症结所在，全方位地解决自己的情绪问题。

给心情配一个晴雨表

心情愉快是肉体和精神的最好卫生法。

——乔治·桑

现代社会，生活成本空前加大，物价飞涨，房价居高不下，社会节奏不断加快，人们每天行色匆匆，却还是追不上时代的快车，所承受的心理压力可想而知。由于缺乏情绪调节的能力，心情起伏不定，动辄出现过激反应。公交车上偶尔发生肢体碰撞，便发展为大打出手，民航飞机上因为一点鸡毛蒜皮的小事就互相破口大骂，甚至使用好几门外语高声飚脏话，引来无数人侧目。

人们的耐心越来越差，心绪越来越烦躁，在公共场所已经顾不得体面、控制不了自己的行为了，在私下场合必然表现得更差。更糟糕的是，针对陌生人的攻击会转向周围人群，损害健康的人际关系。事实证明，无论在社会上扮演怎样的角色，如果不擅长管理自己的情绪，就会遭人厌烦，沦为人生的输家。没有人喜欢脸色阴晴不定的上司，没有人会待见情绪不稳定的员工，处理不好情绪问题，能力、人品、综合素质都会遭到质疑。那么该怎么办才好呢？哈佛大学的研究给出了答案。

哈佛大学商学院和哥伦比亚大学做了一项有关提升生活满意度和心情愉悦度的研究，访问的对象囊括美国、加拿大、荷兰等国的居民。研究表明，愿意花钱购买空余时间的人，大多对自己的生活品质感到满意，心情愉悦度更高。也就是说舍弃部分物质利益，多为自己争取一点儿私人时间，快乐指数将大大提升。这项研究深刻揭示了现代人心情糟糕的根本原因，即在经济高速发展的社会，人们都太看重金钱了，把大部分私人时间都用在赚钱上了，没有片刻闲暇，更挤不出时间做自己喜欢的事情，久而久之，就出现了严重的情绪问题，想要改变这种状况，必须适度调整自己的生活方式，并适时监控自己的心情。

斯蒂文大学毕业后，本着先就业后择业的原则，进了一家小企业上班，做着一份自己丝毫不感兴趣的工作，领着一份少得可怜的薪水，他每天郁郁寡欢。他的工作非常琐碎，没有任何技术含量，却十分消耗时间和精力。斯蒂文看不到任何希望，只能怀揣着无比郁闷的心情上班下班，每日浪费在通勤上的时间超过三个小时。为了放松神经，一到周末他就跑到酒吧痛饮，一言不合便吵吵嚷嚷。有一天醉酒痛骂了一个衣冠楚楚的人，酒醒之后才发现那人是自己的老板，无论怎样解释都无法挽回了，他当场被开除了，瞬间加入了失业大军。

斯蒂文的表哥马修是一家企业的高管，他年轻有为，事业蒸蒸日上，三十出头便成为有车有房一族，令人羡慕不已。然而他生活得并不快乐。他感觉自己就像飞速旋转的陀螺一样早晚转个不停，为了赚钱身体几乎被掏空，他每天精疲力竭，心情糟糕到了极点。有一天他跟客户谈判，客户的态度很不友好，他当场火了，将一杯水泼在了客户脸上，把一个重要项目搞砸了。事后老板追究，他引咎辞职，也加入了失业大军。

半年后，斯蒂文成了当地的一名小学老师，生活变得规律起来，有了更多私人时间，心情渐渐转好，并改掉了酗酒的毛病，再也没跟任何人发生过争执。马修开了一家便利店，雇佣了几个员工，自己过上了悠闲的生活，时常跑步、游泳、爬山，心情无比惬意。

许多人认为生活方式是无法选择的，自己注定要牺牲健康、幸福和所有的私人时间应付各种账单，其实这是错误的。每个人都有能力改变原有的生活方式，即便无法脱离既定的人生轨道，也可以忙里偷闲，合理安排和规划时间，让生活变得丰富多彩，让心情变得明朗起来。要彻底改变现有境况，最好给心情配一个晴雨表，每天记录自己的心理状态以及影响心情的情境和事件，并给自己的表现打分，除此之外，还要详细记录自己的工作活动和业余活动，计算业余活动累计的时间，评估一下业余爱好对提升快乐指数的影响。坚持不懈地努力下去，你的生活将大大改观。

心情晴雨表

<table>
<tr><th colspan="2">日期</th><th>心情</th><th>评分</th></tr>
<tr><td colspan="2">情境 1 上班迟到被当众批评</td><td>难过、沮丧</td><td>5</td></tr>
<tr><td colspan="2">情境 2 竞选部门主管落选</td><td>焦虑、悲伤</td><td>4</td></tr>
<tr><td colspan="2">情境 3 外出和朋友聚会</td><td>开心、快乐</td><td>8</td></tr>
<tr><td colspan="4">……</td></tr>
<tr><td colspan="4">工作时间 8 小时</td></tr>
<tr><td>业余时间和活动</td><td>4 小时 听音乐、打球、健身</td><td>放松、愉快</td><td>7</td></tr>
<tr><td colspan="4">总结 心情调节能力有待加强，业余活动中打球对消除负面情绪、提升快乐体验效果明显。</td></tr>
</table>

HARVARD PSYCHOLOGY

哈佛第三课

知己知彼——读懂人心，无往而不利

慧眼识人，把握初次见面的黄金60秒

你没有第二个机会留下美好的第一印象。

——西方谚语

生活中人们常说："人不可貌相，海水不可斗量。""不可以貌取人""不要以包装评价产品""不要以封面判断书籍内容的优劣。"然而大家却很难做到。人们习惯根据对方的外在形象评价一个人，会因为被精美的包装吸引购买产品，也会因为喜欢某个新颖的封面而高估书籍的内容。也就是说，人在电光石火的几秒钟内，就已经对他人或事物做出了评估。

研究表明，第一印象往往能给人的记忆留下难以磨灭的深刻印记，人们对他人的评价极大地受到第一印象的影响。两个素昧平生的陌生人，初次见面时，便会产生欣赏、冷淡、抗拒、反感等一系列情绪反应。一个人是否值得深入交往，往往取决于最初的感觉。

哈佛商学院教授艾米·卡迪和苏珊·菲斯克、皮特·格里克两位心理学家花了15年时间研究第一印象在人际交往中的影响。经过长年累月的研究，心理学家们得出了这样一个结论：人们在初次见面时，脑海里会迅速闪过两个疑问：眼前的这个人值得信任吗？他（她）是个值得尊重的人吗？如果答案是否定的，将果断中止往来。的确，如果直觉告诉我们，一个人品质存在重大瑕疵，可能辜负我们的信任，那么我们是不可能继续在这个人身上浪费时间和感情的。那么直觉就一定准确吗？除了直觉之外，怎么练就慧眼识人

的能力呢？其实这并不难办，麒麟下面总会露出马脚，一个人即便掩饰得滴水不漏，在初次会面时也会暴露出一些问题。

艾伦正在着手一个新项目，到处物色合作者。有一天他会见了一个软件项目的总监——安德烈。安德烈已年过半百，显得成熟、稳重，风度翩翩，言语中充满了自信。他代表自己所在的公司和艾伦洽谈合作事宜。在沟通过程中，两个人相谈甚欢。安德烈详细描述了之前一个项目的实施过程，讲得头头是道，艾伦听得入了迷，对他的能力没有任何怀疑。然而在签约的关键时刻，老板忽然拦住了艾伦，要求安德烈把项目从开始到结束的过程详细复述一遍。安德烈愣了一下，说话开始结结巴巴，渐渐语无伦次。艾伦皱了皱眉头，把签约笔放下了，最后双方不欢而散。

事后老板说："安德烈根本没有全程参与项目，他不是我们要找的人，他所在的公司也不是我们要找的合作伙伴。"艾伦不解地问："你是怎么发现纰漏的？"老板回答说："他在开口讲话的前一分钟不自觉地清了清嗓子，目光游移，说明他很紧张，而且不自信。在介绍项目时，他气势逼人，急于促成项目，表现得十分功利，而又缺乏共同研发的诚意，由此我判断他是一个不值得信赖的人。"

一个人是否值得信任，是否有交往的必要，初次见面往往就能决定了。人们面对陌生人时虽然怀有戒心，但言谈举止总会留下各种痕迹，我们在识人过程中，既需要留心那些不经意间留下的痕迹，又需要根据以往的人生经验综合判断。比如性情温良的人通常给人以亲切舒适的感觉，而攻击性较强的人通常咄咄逼人，总想在气势上压倒对方。当然初次见面，大多数人都会保持应有的礼貌，态度比较客气，不会马上暴露自己的秉性，但具有侵略性和攻击性的人是很难隐藏自己的，总会暴露出一些端倪。

一般情况下，情商比较高的人都是谦逊、真诚和热情的，互动环节彬彬有礼但又不过分客套，而虚伪圆滑的人脸上通常挂着职业化的假笑，讲话口若悬河，时不时吹嘘自己的履历，轻易改变自己的立场，流露出见风使舵的本性，随时准备投其所好。自私自利、对他人漠不关心的人，在交谈过程中要么心不在焉，要么滔滔不绝，所有话题都围绕自己展开，不给别人表达空间，拒绝倾听别人的感受，这样的人是不值得交往的。

察言观色——洞悉他人的心理秘密

察言观色，度得量力。

——吕坤

有这样一则故事：一根铁棒和一枚钥匙都想打开门锁，看看屋内的情景。铁棒当仁不让地冲了上去，费了九牛二虎之力也没把锁头打开。钥匙见状，说还是让我来吧，说完便钻进了锁孔，只见它轻轻转动了一下，门锁便打开了。铁棒不解地问："为什么我费了那么大力气仍然徒劳无功，你不付吹灰之力就把锁打开了？"钥匙回答说："因为我最了解它的心。"

这则寓言小故事告诉我们，在人际交往中了解别人内心的想法有多么重要。只有充分了解他人心理，洞悉了对方的心理秘密，才能避开"逆鳞"，避免无心之失，妥善处理彼此的关系。在与人打交道的过程中，察言观色是必备技能。高情商者大多具备这一技能。以哈佛学子为例，他们在面试的过程中，就充分展现了察言观色的本领。

哈佛大学的面试非常严格，面试官由哈佛校友评估的候选人中选拔而出，每年大概有 15000 名哈佛毕业生充当面试官，负责新生的录取工作。为了保持客观中立的立场，面试官不曾看过学生的任何申请资料，学生对面试官的情况也一无所知。双方的谈话通常会持续一个小时左右，面试官会根据申请人的表现判断对方是否有潜力，是否是哈佛想要培养的人才。在各项考核中，申请人的优秀品格和个人素质被列为重要考核内容。懂得察言观色的学生会竭尽所能地展示自己的勇气、毅力、同理心和其他方面独特能力，以便给面试官留下良好的印象。被录取的哈佛学子，经过为期四年的锻造和培养，情商指数将显著提升，在职业发展中往往处于更有利的地位。

要想学会察言观色，必须摒弃浮躁的心理，认真观察和分析对方，弄清楚别人为何会流露出或惊奇或喜悦或不耐烦的神情，为什么会说一些或中性或包含感情色彩的话，是站在什么立场发表观点。此人的性格特征是什么。不要过早判断，更不要急于下结论，因为对方可能处于警惕状态，没有卸下心理防御，这时你需要有足够的耐心等待，等待对方露出破绽。

有些人不愿意让别人看穿自己的心理活动，会不遗余力地对自己的真实情感加以掩饰，甚至会戴着人格面具与他人打交道。在这种情况下，你需要去识别哪些是假动作、假表情，哪些话语并非发自真心，要从对方错综复杂的表情变化中，捕捉有价值的信息。

如果短时间内无法洞悉对方的心理，那么你可以采用漫谈法试探和引导对方，通过一些题外话，间接了解对方的兴趣爱好和受教育程度以及工作、生活情况，在交谈过程中，仔细观察对方的反应，并分析解读对方的话语和表情。还可以抛出让对方感到兴奋的话题，以激发他（她）的情绪，使其释放更多的信息。还有一种比较有效的方法叫示弱法，即故意展露自己的某些小弱点，使自己的形象变得更加立体丰满有血肉，以赢得对方的信赖。待对方放松戒备以后，真实的心理状态便展露无遗了。

从微表情中寻找蛛丝马迹

眼睛是内心索引。

——安斯蒂

你是否遇到过这种尴尬情况：谈判过程异常顺利，双方已经达成了共识，忽然不知什么原因对方变卦了，自己惨遭拒绝，连挽回的余地都没有；交往了一段时间的朋友，互相感觉良好，突然发现对方和自己想象得完全不同，对方的表达不禁让人大跌眼镜，甚至大呼有眼无珠。为什么会遇到这些匪夷所思的情况呢？答案很简单，一切都是沟通失败的结果，在沟通过程中，你传达的信息无形中制造了麻烦，抑或错误地解读了对方的信息，以致于看人看走了眼。

人与人的沟通无非有两种，一种是语言的沟通，包括面对面交谈、打电话、发信函发短信等。第二种是非语言沟通，包括表情、动作、语气等。在交流过程中，表情起到的作用远远超过 50%。也就是说，别人未出一言，你就可以通过他（她）的表情大致推断其心理活动。哈佛商学院的标志性杂志《哈佛商业评论》有一篇文章说，留心观察别人无意中流露的微表情，就能轻而易举地弄清对方的心理感受。即便对方故意隐藏情绪，你也能读懂其心理，因为人在情绪激动时，脸上会出现一闪而过的细微表情，它就是一个开放性的窗口，可以让你一窥其中的秘密。在现实生活中，大多数高情商者都是解读微表情的高手，他们能在别人喜怒不形于色或者竭力掩饰真实意图的情况下，透过细致入微的观察，参透对方的心理，从而占据谈判的主动地位。

20世纪60年代，保罗·艾克曼受托对一位抑郁症患者的录像进行专业的心理分析。那位叫玛丽的患者在进行心理咨询后告诉医生，她很想看看家里的花和猫。她讲这些话时非常放松，医生没有感觉出有什么不对劲，于是便让她回家照顾花和猫。孰料，玛丽回到家里，竟然走上了绝路——一声不吭就自杀了。

医生百思不得其解，不明白玛丽究竟为什么会自杀，她死前状态稳定，没有任何异常。保罗·艾克曼反反复复观看玛丽和医生交谈的录像资料，一次次把视频速度调慢，忽然他从玛丽的脸上捕捉到了一个不易察觉的表情，她说想回家的时候，脸上浮现出了痛苦的表情，这个表情一闪即逝，持续的时间不足1/12秒。保罗·艾克曼认为这个稍纵即逝的微妙表情是玛丽绝望情绪的真实表达，玛丽的生命就定格在了那个看似微不足道的1/12秒中。

后来心理学家发现，有些人不想让外界看到自己的糟糕状态，神情非常平静，从他们脸上似乎看不到苦难的痕迹，然而事实上这些人正濒临崩溃，他们在极力压制内心深处的悲伤，由于太过痛苦和焦虑，眉宇间会频繁出现细微的抽动，心情严重抑郁的人甚至会在短短一分钟内抽动十多次。

不只是抑郁症患者脸上有微表情，事实上每个人都有微表情。比如说话时忽然挑起眉毛，或者不经意地抿一下嘴，都属于微表情。一般情况下，人们会有意识地控制自己的面部表情，甚至会刻意伪装表情，但能完美控制微表情的人少之又少。微表情是一种下意识的东西，它持续的时间最长不超过 1/4 秒，在如此短暂的时间内，所传达出来的信息是非常有限的，但那些信息往往包含着被压抑和隐藏已久的真实情感，价值量巨大。由于微表情消失得太快，而且不强烈，很容易被其他表情掩盖，因此辨别微表情非常考验人的眼力和观察能力。

一般来说，皱眉代表焦急、生气和担忧。眉毛上扬，大眼圆睁代表震惊讶异。忽然撇嘴，可能代表不屑或不以为然，也可能对某些话语感到不适。遇到这种情况，应及时终止话题。故作惊讶、故作高兴的表情，说明对方不信任你，想要千方百计掩饰自己真实的想法。如果对方发自真心地感到愉快，嘴角会微微向后牵扯，每个人无所顾忌地哈哈大笑时嘴角都会有这样的变化。所以一个人如果满脸堆笑，嘴角却没有向后拉的迹象，则说明他（她）的开心是装出来的。人在无比快乐的时候，眉毛通常很舒展，眼睛会变小，心情糟糕的时候，通常眉头紧锁，嘴角明显下垂，这些细节是显而易见的，很容易看出来。除此之外，竖眉代表气愤和敌意，眼角下垂代表顺从，瞪大眼睛代表强烈不满、内心充满质疑，挤眉弄眼代表戏谑或者会意。读懂了这些容易识别的微表情，有助于体察他人微妙的心理变化，将使彼此的沟通变得更顺畅。

从衣着打扮了解对方的精神风貌

着装塑造一个人。

——西方谚语

穿衣打扮是门学问，服饰除了御寒蔽体的基本功能之外，还能起到修饰外表、凸显气质和彰显身份地位的作用。即使你不熟悉一个人，但从他（她）的着衣风格中，也能判断出他（她）的性情、修养和职业背景。不同款式、不同剪裁、不同色彩、不同搭配风格的衣服就像一个个炫目的标签，在无声地传达着一些信息。衣服是一种特殊的标识，它所蕴含的内容远远比语言要多。

哈佛大学的学生穿衣戴帽不拘一格，他们崇尚自然和舒适，不追求华丽的服饰，也不追求名牌，不会为了追逐时尚不断翻新衣橱，只穿能彰显个性、款式新颖的衣服，因此显得质朴、年轻而富有活力。平时学生们穿着并不考究，他们只在毕业典礼或学校庆典等隆重场合，才穿礼服。参加正式活动，一般穿正装。

一个人的外在形象在一定程度上能反映他（她）的精神风貌，服饰是一种无声的语言，它能以微妙的形式表达人的内在欲望。从心理层面讲，每个人穿衣打扮时，都会有意无意地对自己进行形象设计，以便借助服装来表达自我。所以仔细观察别人的着装风格，就能窥探对方内心的秘密，进而掌握对方的心理特点。那么具体该怎么观察判断呢？

◇偏好黑白灰三色的人，大都是按部就班的上班族。这类人严肃认真，生活比较有条理，为人古板，做事循规蹈矩，普遍缺乏情趣。

◇衣着颜色艳丽醒目，打扮怪异的人，普通缺乏关注，极度渴望友谊。这类人可能相貌平平，能力平平，没有突出的技能，存在感较弱，希望借助鲜艳的服饰博得眼球，增加回头率。他们没有太多朋友，也不是万众瞩目的人物，但特别重情重义，非常看重友谊。

◇服饰简约素净的人，通常性格随和，自信乐观。他们处事低调，待人和善，做事踏实，不爱追名逐利，也不喜欢钩心斗角，不贪求物质享受，在乎的是心灵上的享受和精神上的愉悦。

◇衣着随意，不修边幅的人，有两种情况：第一种是随意而安，追求潇洒自由的生活方式，不喜欢被束缚，为人真实，这类人通常不会给别人压力，让人感觉很舒服。第二种情况是他们比较自我，一贯我行我素，只注重自己的需要，从不考虑别人的感受。

◇浑身上下皆名牌或珠光宝气的人，普遍信奉金钱至上，他们大都十分现实，要么极度虚荣好攀比，要么时刻关注自己的物质利益。这类人普遍没有内在，自以为高高在上，看不起身份地位低于自己的人，不会同没有利用价值的人交往。

透析他人真情流露的瞬间

微笑眨眼是真情流露的表现。虚情假意的微笑时，人们不会眨眼。

——出自《别对我说谎》

哈佛大学的《哈佛克里姆森报》刊载过一篇发人深省的文章，一位母亲以饱含深情的笔触讲述了三个儿子考取哈佛大学的故事。

大儿子喜欢游戏，在申请哈佛时，他热情洋溢地表达了自己对游戏的无比热爱，生动地描述了一个充满奇幻和冒险色彩的幻想世界，并结合中世纪的背影诠释历史，详细地提到了相关的阅读和研究工作。入学审核委员被他的满腔热忱所打动，毫不犹豫地录取了他。二儿子喜欢音乐，他以细腻的笔触和热烈的情感描写了自己首次参与布拉姆斯弦乐四重奏的演出经历，结果也被录取了。小儿子喜欢唱歌，对音乐兴趣浓厚，他以聆听者的角度描写自己对音乐大师和经典作品的热爱，也被哈佛大学录取了。

从这篇文章中我们可以看出，哈佛大学的申请委员非常感性，容易被真情流露、满怀激情的文字打动，三位学子的申请文能在浩如烟海的材料中脱颖而出，凭借的不是任何写作技巧，而是字里行间的真情实感。的确，在内心深处，每个人都向往真善美，真实的东西总比虚假的东西更动人。可是由于社会环境太过复杂，人们出于各种目的，早已“进化”出了“保护色”，谁也不愿意把真实的情绪赤裸裸地展露出来，所以人心就变得难以揣测。那么我们该如何判断他人的品质呢？很简单，只要捕捉到对方真情流露的瞬间就可以了，一个人无论有多么严谨，多么擅长隐藏和伪装，都会有真情流露的一刻。

苏珊是一个高冷的女人，平时冷霜冰霜、面无表情，从不对人露出笑容。她对人对己要求都很严苛，十分不讨喜。很少有人愿意跟她交往。杰西卡起初也不喜欢苏珊，两人虽然同在一个办公室工作，却没有讲过几句话。有一天，杰西卡发现苏珊在给办公室里的一株绿色植物浇水，动作十分轻柔，神情安然，就像照顾自己孩子一样。那份温柔难得一见，杰西卡十分疑惑，忽然觉得苏珊也许并不是一个冰冷的人。

当天下班之后，杰西卡主动找苏珊聊天，还热情地约她一块出去吃饭。苏珊受宠若惊，居然高兴得哭了出来。她动情地说："三年了，从来没有人愿意理我，我也不想理任何人。我的女儿病得很严重，我需要赚很多钱支付医药费，实在太累了，所以已经没有热情跟任何人闲聊了。大家都觉得我很讨厌吧？"因为那次交谈，杰西卡第一次走进了苏珊的内心世界，并了解了对方的生活。多年前，苏珊收养了一个聋哑孤儿，肩负起了母亲的责任，为那个患病的聋哑女儿支付了巨额的医药费。为了医治好养女，苏珊加班加点地工作，几乎牺牲了所有娱乐的时间。杰西卡觉得她是一个有爱心的人，于是交下了这个朋友。

若干年后，苏珊晋升为部门经理，薪水水涨船高，养女的病也治好了。杰西卡还在原来的位置工作，人生没有多大起色。一天她急着参加聚会，被迎面驶来的车撞倒了。醒来后，人躺在医院里，脚上打着石膏。家人都在外地，朋友忙着各自的事，只有苏珊不离不弃地照顾她，不仅为她垫付了医药费，还经常挤出宝贵的时间来医院看望她。杰西卡感动万分，非常庆幸当年结交了苏珊这个朋友。

一般情况下，异常感动、心情不能自已的时候，人会真情流露。比如落魄潦倒时，别人鼎力相助或雪中送炭，无论平时多么克制的人，都会在电光石火的刹那表露真心。人在狂喜或极度气愤时，也会真情流露。春风得意时难免喜上眉梢，暴怒时难免会提高音量或出言不逊，这时表露出的情感都是真实的。醉酒时所发的牢骚大多都是心中真实的想法，无论听起来多么语无伦次，所吐露的都是真言，绝不可能是胡话。一个人迫切希望别人了解自己时，会主动袒露心扉，那时的一言一语都发自真心。

想要捕捉别人真情流露的一刻，需要适时把握时机，弄清他人在什么时候、什么情况下会真情流露。此外，还要留心一些细节。通常情况下，人在口吐真言时，情绪会有明显的变化，有的人异常激动，有的人忽然变得深沉，更有甚者会潸然泪下。极度谨慎的人发现自己失态，会马上解释或掩饰，如果发现有人在故意掩饰什么，那么他（她）之前吐露的话语很有可能道出了某些真相。

肢体语言永远不会说谎

沟通有3个要素：文字语言、声音语言、肢体语言。文字语言传达信息，声音语言传达感觉，肢体语言传达态度。

——翟鸿燊

哈佛大学教授艾米·库迪在TED演讲中分享了自己的研究成果，讲述了肢体语言的重要性。她毫不客气地提醒听众注意自己的姿态，看看自己是否蜷缩着身体，弓着背，或者漫不经心地翘着二郎腿，想想这些肢体语言代表的含义，然后有意识地调整状态，用新的肢体语言重新塑造自己的形象。

仔细观察你会发现，人的情绪变化不仅可以通过表情和眼神流露出来，还能通过各种肢体动作表达出来。丰富的肢体语言能更直观地反映出人的情感情绪，它所蕴含的信息量远远超过人们的想象。人的表情可以伪装，语言可以美化包装，然而肢体语言永远不会说谎，它是无意识状态下的动作，不受任何动机支配，一不小心就出卖了当事人的秘密。

有一家效益良好的大公司一天之内接见了两名求职者。第一名求职者叫布鲁斯，曾经在一家公司营销部门做主管，他身形高大，目光炯炯，看起来神采飞扬且孔武有力。在和面试官握手时，他主动握住了对方的手，接着用另一只手覆盖住，给人以精明强悍的感觉。这个动作自然而不做作，握手时大拇指朝上，整个手掌有节奏地上下摇晃。面试官对他印象深刻，但觉得此人掌控欲太强，不好控制，担心不服从公司管理，所以对其持保留态度。

第二名求职者叫布兰登，是个二十多岁的小伙子，留着乱糟糟的长发，满脸雀斑。在整个面试过程中，布兰登一会儿拨弄头发，一会儿摸脸，身体在椅子上不停地扭动，腿来回摇晃。他不自觉地做了许多下意识的小动作，显得十分缺乏自制力。面试官对他的印象非常不好，面试刚结束，就直接把他从录用名单上除名了。

一个人无论多么有心机，多么善于掩饰，都会有一些下意识的细微动作，这些没有经过加工的动作，通常能在一瞬间暴露天机。比如讲话时不自觉地摩挲鼻子，是没有诚意的表现。手托下巴代表当事人正在思考，正在权衡利弊做决定，这时要给予对方充分的思索时间，不要喋喋不休地与之交谈，免得让人反感。双手相碰，代表试图与你建立更近的关系。此时要及时接住对方抛来的橄榄枝，不要让对方失望。胳膊交叉代表心不在焉没听你说话或者不认同你的观点，针对这种情况，你最好马上调整沟通策略。摊开双手代表态度坦诚，紧握双手不放代表焦虑拘谨，掌心向上是善意的传达，也可能代表某种程度的妥协，掌心向下是发出命令的意思，代表凛然不可侵犯的权威。

坐姿的含义也很丰富。坐立不安，来回移动身体，代表紧张、焦虑或不耐烦。落座后身体微微前倾，不时点头，代表用心倾听，通常诚意十足。正襟危坐代表严谨，身体蜷缩是缺乏安全感的表现，这样的人通常比较自卑。

站姿同样能暴露出性格特征、解释人们内心的情感。昂首挺胸，目光平视，是自信的表现。弯腰驼背，身体呈佝偻状，代表缺乏自信，极度自卑，内心世界比较封闭。站立时习惯性手插裤兜，代表自闭和保守，这类人不喜欢加入讨论，也从不打算吐露心声。手指紧扣皮带，代表极度自信，给人以强有力的印象。单腿直立，另一条腿弯曲或斜放，代表对某个观点持保留态度或者婉拒的意思。

笑声是性格的显示器

笑是人类的特权。

——卡耐基

每个人都喜欢笑声，因为笑声能给人带来欢乐的感觉。但对于心理学家来说，笑并不是欢快的音符，而是一个严肃的课题。笑容千变万化，笑声千差万别，笑构筑的“语言”系统非常精妙，只要破解了其中的含义，你就能大致掌握一个人的性格特征。以哈佛大学的教授为例，有的面带微笑，显得礼貌而有修养，笑容背后有两种含义：一是代表性情温和、友好，二是代表拘谨，不习惯露齿大笑。有的不时发出自嘲的笑声，这类人比较随和，并有悦纳自我的能力，之前可能是苛刻的完美主义者，经过调整，已经让自我和外界达成了和解。有的喜欢爽朗大笑，这类人通常热情活跃，性格比较直率。有的习惯哈哈大笑，这类人多半是乐天派，性格开朗，比较好相处。

笑声是一个人的名片，也是性格的显示器，通过笑声判断人一般不会失误。

卡尔是个寡言少语的人，给人感觉有些木讷，见到生人总是一言不发，很多人因此认为他不够热情，比较排斥与人交往。然而熟悉他的人往往会得出相反的结论。卡尔虽然不爱说话，却很爱笑，笑起来毫无顾忌，有时笑出了眼泪，有时笑得浑身乱颤，站立不稳。朋友由此认为卡尔的情感世界其实是开放的。他从不吝啬他的笑容，也从未吝啬情感的付出。随着交往的深入，人们确实在卡尔身上发现了不少优点，比如他非常重视朋友，愿意为了好友不惜一切，是个值得信赖的人。

凯特的性格和卡尔完全相反，她热情如火，口才绝佳，整天活跃于各大交际场所，俨然一个“万人迷”。但她的笑声很奇怪，声音时断时续，让人听起来极度不适。有人觉得她在假笑，有人认为有此类笑声的人多半比较实际和冷漠，不值得深交。事实证明后者是对的。凯特从不关心别人的处境，一心只想从他人那里捞取好处，懂得见机行事、投其所好，却从未对任何人付出过真心。

笑声里面大有乾坤，一般而言，笑声干涩、断断续续的人，都比较冷淡、漠然、有城府，这样的人无论表面多么热情，都不可能设身处地为他人着想，别人无论付出多少，都不可能换来等量的回报。

有的人习惯从鼻子里发出哼哼的笑声，说明此人十分害羞。忍不住笑却又不想引起外界的注意。他们比较谦逊低调，对人较为体贴，很重视别人的感受，做事非常细心周到。

喜欢呵呵笑的人比较保守、内向，不轻易表现自己，也不爱发表观点，性情较为平和，不会给任何人以压迫感。除了这种情况外，人在劳累或烦躁时，也会发出呵呵的笑声。

发出嗤嗤笑声的人，通常严于律己，但并不刻板，他们有幽默感，有创造力，有时会做出让人惊讶的举动，但不会招致反感。

惯于一个人嘿嘿冷笑的人，通常居心叵测，为人阴险，这样的人非常爱算计，知道如何实现个人利益最大化，有时为了一己私利会出卖朋友。

玩世不恭，喜欢戏谑冷笑的人，大都看淡了名利，不再追求身外之物，倾向于及时享乐。他们自以为看透了世态炎凉，对人不会太热情也不会太冷漠。

喜欢哈哈大笑的人，个性比较豪爽，他们从不压抑自己的真实个性，能够率性而活。通常处事比较公正，待人平等和善，不会谄媚逢迎，刻意讨好权贵，也不会居高临下地审视弱者，盛气凌人对对待不如自己的人。这类人是非常受欢迎的类型。

平时不见笑容，一旦笑起来便不能自已的人，通常比较慢热。他们在陌生人面前很拘谨，不能谈笑风生，给人以不好相处的感觉。但对熟人却分外热情。总体来说，属于至情至性的类型，值得深入交往。

笑声柔和的人，比较沉稳理性，能够妥善地处理各种纠纷。遇到事情乐于站在他人的角度看问题，共情能力强，人际关系比较和谐。

笑声尖锐的人，比较单纯可靠。这类人精力充沛，活泼开朗，精神世界丰富，且有冒险精神，比较好相处。

在不同场合发出不同笑声的人，一般熟谙人情世故，思维敏锐，适应能力强，但对人不真诚，习惯看人下菜碟，不能与别人推心置腹地相处。

脸上挂着微笑但不发出任何声音的人，大都性格内向，偏于感性，他们待人亲切，没有攻击性，令人舒适。但有时会情绪化，心情容易受到外界干扰。

从语气语调中捕捉信息

三大盲点是语调、表情和身体语言。

——道格拉斯·斯通

哈佛大学教授梅尔·比亚认为声音（语气、语调等）在沟通过程中，所起的作用占 38%，而词汇所占的比重仅为 7%。可见语气语调可极大地影响沟通效果。生活经验告诉我们，有时候语言是苍白无力的，而语气和语调的变化对内容的修饰和影响，将直接改变听者的判断。同样一句话由不同的语气语调说出，感情色彩就会有所不同。柔声细语地说，给人以亲切和善之感；生硬冰冷地说，给人以严厉不友好的感觉；提高音量加重语气说，则会引起别人的猜忌。

由于说话的语气、语调的抑扬顿挫，能真实地反映一个人的情绪和个性，闻声辨人就成了洞察他人心理活动的一种重要手段，交谈时多多留心对方的音调、语气，短时间内掌握他人言语中隐秘的信息，可使你在知己知彼的情况下，灵活自如地应对各种社交场合。

安东尼想要和朋友合伙开一家连锁超市，不知道谁更适合做未来的合作伙伴。老朋友大多已经退休，纷纷计划着度假或者到一个风景优美的地方定居，颐养天年；新朋友交往不深，短期内无法判断对方是否可靠。有一天，他和怀特谈起了此事。

怀特表示对开超市很感兴趣，两人交谈了很久。谈及经营理念时，怀特提出了自己的看法，口若悬河地兜售经济学概念，声音很大，越说越激动。安东尼刚说几句话，就被怀特粗暴地打断了。两个人争论起来。怀特坚决不肯退让，说到兴奋处竟发出了铜锣般高亢的声音，结尾加重语气说："我在商场战斗几十年了，听我的准没错。"安东尼耸耸肩，十分失望地离开了，他断定怀特不是他想要找的人。

数日后，安东尼以试探的口吻跟鲍勃谈起了开连锁超市的事情。鲍勃给他提了不少建设性意见，在交谈的过程中，鲍勃声音始终平稳和缓，让人感觉非常舒适和自然。安东尼由此断定鲍勃就是他要找的合作伙伴，于是开诚布公地谈起了未来的合作计划。两人很快达成了共识。事实证明，安东尼的选择是对的，鲍勃确实是一个不错的合作伙伴。遇到任何问题，两人都能友好地商谈，从未发生过严重分歧。双方勠力同心，把旗下的超市经营得越来越红火。

一般而言，讲话大声、滔滔不绝的人都比较外向，他们生怕别人听不清自己的话语，习惯把声音提高好几个分贝。潜在想法是希望他人充分理解自己说出的每个字，并给予足够的重视。这种类型的人大都有着极强的支配欲，喜欢发号施令掌控别人，容忍不了不同的意见和声音。

说话声音小细若蚊虫的人都比较内向，不够自信，不敢轻易发表自己的观点，若非迫不得已，是不会把真实的想法讲出来的。平时不喜欢在众目睽睽之下发声，一旦被当作焦点就会极其不自在。

语调尖锐、声音高亢的人，讲话大都无所顾忌，表达欲非常强烈，只在乎自己的需求，不在意别人想什么说什么。这类人比较自我，有神经质的特质，情绪不稳定，暴躁易怒，不太容易相处。

声音舒缓、音色悦耳的人，比较有自制力，情绪能收放自如。这类人大都善良温和，富有同情心，看到别人遇到困难一定会出手相助。声音深沉温和的人，大都为人忠厚，正直诚实，不会趋炎附势，也不会落井下石，心怀坦荡、光明磊落。

声音浑厚沙哑、富有磁性的人，独立、有个性，富有艺术细胞，这类人拥有超乎常人的天赋和才华，内心世界丰富，感受力强，不过可能不容于世，蔑视世俗，在人生道路上会遇到很多挫折。

声音粗重低沉富有节奏感的人，有领袖魅力和领导才华，大都能力极强，擅长交际，事业发展顺风顺水，是令人羡慕的财智阶层。

声音甜腻的女性普遍爱撒娇，迫切渴望得到别人的宠爱，缺乏独立性和个性。声音娇柔的男人通常比较女性化，大都是“妈宝男”，性格优柔寡断，没有主见。

要听懂对方的“弦外之音”

与人沟通，最重要的是能听出言外之意。

——彼得·德鲁克

人们在交谈过程中，未必会直抒胸臆，有时会有意无意地留下一些话外音供他人遐想。这些含而不露的话外音不仅是一种委婉的表达，还包含了其他含义。它既可能是调侃，可能是讽刺，可能是试探，也可能是鼓励。性格单纯直率的人往往听不懂，要么糊里糊涂，要么会错意答非所问，导致气氛尴尬。

在人际交往中，会听人说话比会说话更重要。如果能弄清话语之外隐藏的信息，听懂对方的弦外之音，就能掌握谈话的主动权，使局势发生逆转。哈佛大学非常注重锻炼学生的口才，建立了发言评分制度，以激发学生表达的欲望。同时学校也十分注重培养学生听人说话的能力，经过专业训练，学生大都掌握了说与听的技巧，社交能力很强，非常适应社会。有一个在哈佛大学就读的中国留学生，暑假期间在跨国公司打工，负责管理咨询和企业兼并的业务。他把学到的知识和实践结合起来，从心理学层面揣摩客户的话外之音，在谈判过程中收到了意想不到的效果。这段经历让他充分认识到了听懂言外之意对于洞察人心来说有多么重要。如果说“弦外之音”是一种表达的艺术，那么听懂“弦外之音”就是一种高超的智慧，听懂对方含蓄的暗示，给予恰当的回应，往往能更快地推进谈话的进程。

针对别人的“弦外之音”，可以采用同样含蓄的方式答复对方，看破不说破，使双方在心照不宣的氛围中继续友好交谈。答复对方时说话要不着痕迹，太刻意会被误会成别有用心，伤害到对方的情感。当然，想要做出合适得体的答复，必须先听懂对方的“弦外之音”，掌握其中的诀窍。

★由话题来判断对方抛出的“弦外之音”

大多数谈话都是围绕着重点话题展开的。别人主动选择的话题，往往包含着他（她）最初的意图，所谓的“弦外之音”必然与之密切相关。比如忽然想了解你的经济状况，可能想向你借钱，也可能是担心你的处境，想为你提供必要的物质帮助。忽然问及你的婚恋状况，可能是想追求你，也可能是想把异性朋友介绍给你。如果上级分外关心你的婚姻状况，可能是担心你有家庭负担，影响工作。

★从对方的态度来判断话外之话

对方咄咄逼人地追问，那么话外之话通常含有挖苦讽刺之意。对方居高临下地与你交谈，即使没有暴露出轻视之意，题外话也可能包含嘲讽之意。如果对方温和有礼，始终以和蔼的态度与你交流，那么题外之话大多不含敌意，可能只代表试探，希望听到你的真实想法。

★从主语中了解对方的为人和心态

如果一个人张口闭口都是以“我”为主语，说明他（她）是一个非常独立和自我的人，“弦外之音”可能与他（她）本人有关，他（她）可能期望得到你的赞美，或者期待你的认同，主题很有可能与你毫无关联。如果一个人习惯说“我们”，说明他（她）是个集体观念很强的人，这类人普遍缺乏个性，没有自己的主见，抛出“弦外之音”，可能是在向你征求意见。

从暗示中领会“弦外之音”。

对方传达“弦外之音”，会故意暗示给你，暗示信息是很容易捕捉的。仔细揣摩一下，也许你就能领会对方的意思，进而明白对方的想法。

HARVARD PSYCHOLOGY

哈佛第四课

人际交往法则——用情商叩开他人的“心锁”

让倾听成为一种习惯

耳朵是通向心灵的路。

——伏尔泰

《哈佛商业评论》有一篇文章说：“几乎不用证实地说，人们不知道如何倾听。他们拥有良好的听力，但几乎没有人拥有必要的听力技巧能做到有效的倾听。”意思是懂得倾听的人少之又少。事实证明确实如此，专家对一千名学生和数百名商务人士进行过调查研究，发现人们交谈过后，大多数人会遗漏一些信息，能记住的内容只是听到的一半，六个月之后记住的内容削减为四分之一，大部分信息都被遗忘了。为什么会出现这种情况呢？原因在于，人们喜欢畅所欲言，酣畅淋漓地表达，不喜欢沉默或倾听，所以倾听效果不佳。

沟通是双向的，需要在互动中完成，如果只是自己说个不停，单方向地向别人灌输观点，那么就不能实现有效沟通。给别人发表意见的机会，专心听对方讲话，是尊重他人的表现，也是与他人建立情感纽带的一种方法。卡耐基曾经说过：“专心地听别人讲话，就是我们所能给予别人的大赞美。”要想拉近心与心之间的距离，没有比倾听更好的方式了。只有学会倾听，才能更好地了解对方的志趣爱好，才能给予对方受重视的感觉，借以赢得友谊和尊重。

黛比是一个二十出头的女大学生，刚刚参加工作不久，她性格活泼开朗，非常喜欢讲话，一旦打开话匣子就一发不可收。起初，大家觉得她热情有活力，很喜欢她，时间久了，都感到厌烦。黛比表现欲极强，从不给别人张口的机会，总是一个人自说自话，中间没有任何停顿，边说边发出咯咯的笑声，丝毫不在乎他人的反应。由于习惯了演“独角戏”，她渐渐把自己当成宇宙中心，愈发自我感觉良好。朋友和同事却越来越忍受不了她，慢慢不与她来往了。

黛比十分郁闷，不明白像自己这么活泼可爱的姑娘为什么不招人喜欢了，以为是受人妒忌所致。过了很久，她才弄清楚其中的缘由。有一天，一位朋友给她讲了一个故事：有人把手表丢在仓库里了，人们都帮忙寻找，找了半天却一无所获。后来一个小孩走进仓库，把耳朵贴向地面，结果毫不费力地找到了那块表。

说完，朋友看了黛比一眼问：“这个故事说明了什么？”黛比睁着无知的大眼睛，笑笑说：“小孩趴在地上，一定听到了手表嘀嘀嗒嗒的声音。”朋友进一步总结道：“说明倾听很重要。学会用耳朵倾听，才能有所收获。”黛比恍然大悟，从此不再自说自话，开始认真听取别人的意见，变得越来越受欢迎，结交了很多挚友。

倾听是一种能力，不仅要用耳朵聆听，还要用心去听，用眼睛观察，用大脑思考。懂得倾听的人会目视讲话者，与对方进行目光交流，流露出好奇或渴盼的眼神，激发对方叙说的热情。根据对话的内容，不时微笑点头，给予对方必要的反馈，促使对方将话题继续深入下去。善倾听者无论是否同意别人的观点，都不会贸然打断别人，直到他人完整表述之后，才发表自己的意见。

倾听是沟通的第一步，不仅需要技巧，而且需要诚意。听别人讲话，必须耐心，注意力集中，不能心猿意马、左顾右盼，以免交谈时答非所问，说些风马牛不相及的话题，惹人反感。倾听的过程，必须把谈话的主动权交给对方，不要反驳和辩论，也不要高谈阔论，即使对方的思维逻辑充满漏洞，也不能马上实言相告，要给对方保留颜面。倾听并不等于一言不发，必要时给予对方呼应，别人通常会认为你确实在认真听他（她）讲话，而不是处于昏昏欲睡、心不在焉的状态。倾听要注意信息的收集，在别人倾诉衷肠时，要留意对方的表达，揣摩其心境。有的人比较直白，喜欢开门见山，有的人喜欢正话反说，有的人喜欢用含蓄曲折的方式表达意见，要根据对方的秉性、脾气、喜好来体会话里的意思，不能一概而论。

与其曲意逢迎，不如寻找情感共鸣

挚友如异体同心。

——亚里士多德

哈佛大学开设的“幸福课”上，教授泰勒本·沙·哈尔对学生们说：“如果你想让自己或别人行动起来，你得引起情感共鸣。”紧接着他以马丁·路德·金的著名演讲《我有一个梦想》为例，阐述了引发别人情感共鸣必须遵守的原则：不能使用无聊枯燥的话语，要激起他人的情绪，把别人带入激情澎湃的情境中。

哈佛的课堂教育与人们惯有的想法大不相同。人们常以为想要获得别人的好感，必须曲意逢迎讨好对方，其实这是错误的。刻意保留自己的观点，毫无原则地迎合别人，通常给人以一种谄媚的感觉，不仅不能换来真心，还会受到唾弃。与其投其所好逢迎别人，还不如寻找心理共鸣。俗话说得好：“酒逢知己千杯少，话不投机半句多。”话不投机，就如同鸡同鸭讲、对牛弹琴，自然不可能使对方产生共鸣。所以投机投缘是非常重要的。可是在日常生活中，人们不可能一开始就找到共同话题，那么所谓的情感共鸣应如何建立起来呢？

首先要理解和接受对方的情绪，然后用富有感染力的语言带动对方的情绪，使之深受鼓舞，心潮澎湃，对相关话题产生强烈的反应。当年马丁·路德·金就是这么做的，他并不是一个孤军奋战的民权斗士，而是千千万万平民的代表，他能充分理解大众的情绪，知道如何调动人们的情绪，故而他的那些慷慨激昂的演说才能引起山呼海啸般的剧烈的反响。然而在日常交涉中，理解别人的情绪感受并不容易。有的人感到委屈、生气、心情郁结时会大倒苦水；有的人则隐忍不发、闭口不谈。只有无条件地接受他人的情绪状态，才能让别人袒露心扉。

有一天，墨顿在一家百货公司购买了一套价位中等的西装。那次购物体验非常糟糕，西装刚穿不久就褪色了，把衬衫染脏了。他怒气冲冲地找到百货公司的店员，要求马上退货。店员不耐烦地说："同款的西装我们卖出了好多件，只有你抱怨褪色。"墨顿一听火了，和店员争吵起来。不久，另外一名店员出来调节，他无奈地说："深色西装开始都会褪色，这种价位的服装全都这样，我们也没有办法。"墨顿听了这个解释更生气了，因为对方暗示他买不起高档货，买了便宜货还对质量有高要求。

墨顿刚想大吵一架，服装部的经理走了过来，经理认真地把墨顿反映的问题从头到尾听了一遍，认同了墨顿的说法，认为服装店确实应该对自己售出的货品负责，并承认深色西装存在瑕疵。墨顿听完，满腔怒火顿时消失于无形。最后那位经理干脆说："我们怎样处理这套西装你才满意呢？我本来是想收回这套西装的。不过我知道褪色只是暂时的，可能还有补救办法。不如你先穿一个星期试试看，如果衣服还掉色，那么我们就做退货处理，给你换套新的西装。”墨顿无话可说，当场同意了。由于服装店经理一直站在墨顿的立场说话，每句话都说到了墨顿的心坎上，显得非常善解人意，引起了后者的情感共鸣，双方之间的纠纷就这么不了了之了。

与人交涉，创造良好的交谈氛围是非常重要的。先找到双方都赞同的观点，避开他人反感忌讳的东西，在聆听之后，回馈相同或相似的情绪感受，用真挚的语言和饱满的情感感染、打动对方，使双方迅速达成共识。如果实在找不到引发共鸣的东西，可以先谈论自己的家人、生活情况、兴趣爱好等，进而询问对方的相关情况，迂回地寻找共同话题。需要注意的是，不能随口附和对方，因为这样做会让别人觉得你是在故意敷衍，态度不真诚，或有意迎合自己，没有说出真实的想法。交谈时千万不要给人带来请君入瓮的感觉，否则会瞬间激起别人的防范之心，使交谈变得更加艰难。

亲密有间，保持疏而不远的边界感

边界感是深藏在我们的潜意识和骨子里的，把它找出来，好好待它，因为它就是你的铠甲，为你遮风挡雨，为你划地为家。

——吉米

在酷寒的天气里，两只刺猬冻得瑟瑟发抖，不得不相互偎依取暖，因为靠得太近，被对方身上的尖刺所伤，顿时鲜血直流。为了避免受伤，它们拉开了距离，可是相隔太远，不能借助体温相互取暖，无奈只好又向前凑了凑，结果再次被刺伤，经过多次调整，两只刺猬终于找到了合适的距离，既能彼此取暖，又不会互相伤害。

人与人之间的关系就像两只刺猬的关系，只有保持适度的边界感，才能相互汲取能量，又不至于受到伤害。两个人无论多么亲密，感情有多么深厚，都不能实现零距离接触，因为作为独立的个体，每个人都需要独立的空间，总有一块领地是不对外开放的，贸然踏入，是对他人权利的粗暴践踏。

在哈佛大学，无论是师生之间、同学之间、朋友之间，还是代际之间都存在着清晰的边界感，老师只是负责传道授业解惑，不会干涉学生的个人生活；同学之间感情再好，也不会发展成亲密无间的关系；朋友之间即便无话不谈，也充分尊重他人的隐私；代际之间同样如此，父母从不过度干涉子女的个人选择，更不会代替子女规划人生。

我们常以为弱化边界感，互相参与彼此的生活，会走向亲密，然而事实恰恰相反，任何的越界行为都会引起别人强烈的心理不适。允许别人肆无忌惮地干扰自己的生活，会丧失自我，任人摆布，活成提线木偶的角色。跨越边界，对别人的生活方式指手画脚，或者窥探隐私，抑或打着“为你好”的旗号代替他人做决定，甚至强人所难，都会引发感情危机。

人与人的尊重从划清界限开始，保持疏而不远的心理距离，是对感情最好的呵护。从现在开始，培养独立的自我意识，同时树立界限意识，反思自己的哪些行为模糊了人与人之间的边界，与他人是否存在控制和反控制的畸形关系，把相关情况逐条记录下来，慢慢改进。不要强求别人无条件听从自己的意见，哪怕对方是自己的好友或至亲，即使自己提意见完全出于好意。不要过分占用别人的时间，不要过分地支配和控制他人，让距离产生美，以消解由盲目的爱引发的窒息和压抑感。给予亲人、好友、爱人支持与尊重，不采用听起来理所当然的理由向任何人进行情感勒索，要让别人从内心深处感到温暖和舒服。

运用同理心，学会换位思考

同情是一切道德中最高的美德。

——培根

哈佛大学做过一项历时漫长的研究，花了数十年时间追踪700多名男性，多年以后被研究对象的生活发生了翻天覆地的变化，有的已经去世了，有的事业有成、家庭幸福，有的落魄潦倒、抑郁成疾。在世者接受采访时说，最初认为金钱和荣誉是人生最值得追求的东西，步入垂暮之年才发现，与爱人、亲友的真挚情谊才是让自己健康快乐的源泉。有的人甚至直言，成功维护良好的人际关系，才是最值得引以为傲的成就。那么该如何建立和谐的人际关系呢？

哈佛大学得出的结论是学会换位思考，充分考虑别人的感受和处境，发自内心地关心别人，在自己的能力范围内给予他人必要的关怀和帮助，以友谊换取友谊。懂得换位思考，人与人之间的矛盾就会减少。学会站在他人的角度考虑问题，体谅他人的难处和不易，换个视角看待世界，指责、抱怨和误解就会越来越少，宽容、默契和理解将成为新的相处模式。人人学会将心比心，社会将更加和谐，人间将变得更加美好。

1944年冬，苏联战场上百万德军放下武器拱手投降。战俘们排着长队神情木然地走在莫斯科的街道上。经历了丧子、丧夫之痛的苏联妇女纷纷赶来围观。莫斯科整个城区气氛空前紧张，当地报纸预言，莫斯科大街或许会成为复仇的战场。为了避免死难者家属和战俘发生流血冲突，政府出动大批警力维护治安，把汹涌的人群阻隔在马路旁侧。

警察和围观者长久对峙着。有个满面沧桑的老妇人走了过来，肯求警察让自己接近战俘。警察见她年老体衰，神态慈祥，觉得不会对战俘的安全构成威胁，便答应了她的请求。老妇人在怀里摸索了一阵，掏出了一块朴实无华的印花方巾和一个黑面包。她抬起颤颤巍巍的手，把两样东西递给了一个面色憔悴的德国伤兵，然后面向大众平静地说："这些人手拿武器时，是我们的敌人，我们应当痛恨他们。可是现在战争结束了，他们放下了枪支，赤手空拳，就变成了和我们一样的人，他们有血有肉，外形和我们毫无二致，他们也会悲伤绝望，也有人性，我们应当接纳他们。"老妇人说完便匆匆退场了。那一刻，莫斯科大街鸦雀无声，安静得可怕。空气似乎凝固了。

不一会儿，平静被打破了。人们纷纷拿出水和面包送给饱受饥饿和伤痛折磨的德国士兵。酝酿已久的复仇情绪就这样被压了下来。官方所担心的流血冲突并没有发生，因为它被一块黑面包化解了。老妇人的举动迅速改变了人们的看法，让围观者从另一个角度看待战争，人们在唾弃战争的同时，忽然意识到德国士兵也是战争的受害者，经过一番换位思考，态度发生惊天逆转，居然不约而同地同情起德国士兵。相逢一笑泯恩仇的事情就这样发生了。

同理心是换位思考的基础。有时候我们太过执迷于是非对错，只站在自己的立场分析和看待问题，仅仅凭先入为主的观念便评判他人，无形中制造了许多麻烦和误会。缺乏同理心，屈从于偏见和冰冷的理性判断，是纠纷不断产生的根源。只有摒弃常规思考，与他人进行角色互换，设身处地地为他人考虑，才能化解矛盾，改善各种社会关系。

由于每个人都是不同的个体，脾气、秉性、文化背景、成长经历各不相同，谁也不能百分之百地了解他人的心态和情绪，所谓的感同身受根本不存在。但是我们可以运用同理心，感知对方的感受，理解对方的难处，突破原有的狭隘，站在全新的立场思考审视问题，以同情、宽容的态度对待别人，给予他人温暖和爱，以真心换取真心。

把“不”字说得娓娓动听

拒绝是一种权利，就像生存是一种权利。

——毕淑敏

你是否觉得拒绝别人是一件难以启齿的事，即使在自己爱莫能助的情况下，还是踌躇不决，无法把那个“不”字说出口，面对别人的无理要求，明明心里很排斥，却不敢直截了当地回绝，既怕得罪人，又怕伤感情。这种苦恼，不只你有，世界各地的人都有。为此，《哈佛商业评论》提议，面对不情之请，不必左右为难，可以巧妙地回避对方的要求，优雅地拒绝。实在分心乏术帮不上忙，可以礼貌地回绝，让别人找不到怪罪的借口。

拒绝别人并非不近人情，而是在行使自己的正当权利，没有什么可羞愧的，不必为此产生负罪感。但是拒绝需要掌握一定的技巧，以免引起他人的不快，伤了和气。一般而言，直截了当地拒绝是不可取的，因为那样做会伤害到别人的情感和自尊心，引发冲突。最好采用委婉的方式拒绝，让有求于你的人心平气和地接受。

哈佛高材生罗斯福曾经用生动的例子阐述过该如何回绝别人，他说："如果邻居家着火了，我恰好有一截水龙带，只要接上水龙头，就能帮他扑灭大火。这是一件利人利己的事。火扑灭了，就不会殃及到我家。问题是这条水管我花费了一笔钱，不可能让邻居付钱，就算告诉他价钱，他恰好口袋里没钱，我也没办法。"

"水管我花了 15 美元，不会白白送给他。他要是试图白白占用，我一定会回绝。那么怎么做才恰当呢？我会事先告诉他灭火之后把水龙带还给我。如果大火扑灭了，水龙带完好无损，他物归原主，并且也道谢了，自然是皆大欢喜。要是他把水龙带弄坏了，就要做出赔偿，如此一来，我就不会有任何损失。"这就是拒绝的艺术，自己不勉为其难，别人心里也舒服，双方都不觉得尴尬。

拒绝的话语不一定要生硬刺耳，没有回旋余地。讲话太直接，态度太冰冷，会让人感觉没有人情味，很有可能导致绝交。回绝别人并不意味着要摆出拒人于千里之外的姿态，态度诚恳一些，语气委婉一些，不仅能成功推脱掉不必要的责任，还不伤情面，如此才能换来双赢结局。

拒绝别人要讲究尺度，不能模棱两可，让别人抱有不切实际的期望，也不能过于直白，毫无顾忌地朝别人泼冷水，一定要给对方一个合理正当的理由，让对方心悦诚服地接受。随之礼貌地表达遗憾：“有负您的期望，真的十分抱歉。”“不好意思，我真的没法答应您。”“难得您开口，但我工作太忙，实在脱不开身，真是太遗憾了。”

最好采用风趣幽默的方法，回避对方无理要求，把注意力转移到另外一件事情上。比如你的朋友为了业绩达标，向你推荐价格昂贵的按摩椅。你直接拒绝不仅伤友情，还会给人留下吝啬的印象。你不妨这样说：“我相信按摩椅能缓解身体疲劳，不过我实在不需要。我每天下班，家中的贤妻都会帮我按摩，力度刚刚好，揉捏几下，浑身舒畅。我不想让任何按摩产品破坏我们夫妻之间的情趣，希望你能理解。”对方羡慕你们夫妻恩爱，自然找不到反驳的理由。

运用恭维法，间接地回绝别人。比如一位富有的朋友忽然向你借钱。你可以先夸赞他的经济实力：“你是朋友当中最成功的，大家都很羡慕你。”然后述说自己的难处，“我很想帮你，可是我的经济条件你也清楚，我是有心无力呀。”让对方自己认识到要求的不合理性，自行放弃。

用真诚攻破对方的心理防线

真诚是一种心灵的开放。

——拉罗什·福科

众所周知，哈佛大学是世界顶级学府，录取率非常低，只有出类拔萃的青年才俊方能在遴选中被看中。那么哈佛大学是怎么挑选人才的呢？其最看重的是成绩、特长、技能还是其他方面？有幸就读哈佛的学子认为母校看重的不是超级学霸，也不是傲人的成绩，而是知道如何关爱他人，综合素养较高，怀有理想的行动派。

比起智育，哈佛大学显然更重视德育。在录取学生的过程中，德育被视为重要参考标准。情商高、真诚友善的学子被选中的概率更高。然而在我们提到情商，提到交际的时候，很少把真诚纳入法则。一些教人交际的黄金宝典里，到处充斥着“不可交浅言深”“逢人只说三分话”的论调，似乎以诚待人就会吃亏，必须拼尽手段，用尽谋略，才能明哲保身，获得最后的胜利。而真诚就成了幼稚犯傻的代名词。正是这种观点大行其道，人与人之间的信任危机才会愈演愈烈。事实上，没有人会信任一个油腔滑调、满嘴谎言的人，没有人会真心喜欢虚情假意的人，想要获取他人的信任，赢得友谊，必须以诚待人，摒弃所有看似高明的策略。

推销大师乔·吉拉德虽然掌握了许多与人相处的黄金法则，但从不卖弄小聪明，待人十分真诚。有一天，他看到一个工人迎面走来，主动打了声招呼，便把对方领进了展销区。那名工人不好意思地说：“我来得太晚了，刚刚攒够买车的钱。”乔·吉拉德马上说：“就算你不买车，也可以进来坐坐呀。”紧接着两人闲聊了起来。

乔·吉拉德关切地问：“你最近忙些什么？”工人说：“做一些有关机械制造的工作。”乔·吉拉德由衷地赞叹道：“听起来很棒。那么具体是做什么？”工人又有点儿不好意思：“造螺丝钉。”乔·吉拉德饶有兴趣地说：“挺有意思的。我从未亲眼见过螺丝钉是怎么造出来的。改天到你们工厂参观一下行吗？”由于他的请求是发自真心的，那名工人当场就答应了。以前，这名工人到汽车展销区买车，根本没有人好好招待他，人们都不屑于问他问题，言语中不自觉地流露出轻蔑之意。乔·吉拉德的做法让他大为感动。为了回报对方的好意，他把工友们一一介绍给了乔·吉拉德，给乔·吉拉德带来了不少单生意。由于乔·吉拉德尊重每一位顾客，不以社会地位评判别人，对任何人都一视同仁，格外真诚，所以他赢得了众人的信赖，不少人慕名而来，成了他的忠实客户。

真诚是立身处世的根本。一个人心存奸诈，别人必然对他有顾忌。一个人不怀好意，总是想方设法利用别人，必然也会被他人当成棋子。只有对人真诚相待，才能换来真心回应。在多数人喜欢装模作样的社会里，诚实无欺的品性比黄金还要稀缺和宝贵，谁拥有这样的品质，谁就能赢得众人的信赖和尊重，从而成为难能可贵的稀缺人才。

有些人认为装假比诚实更容易成功，只要掌握了御人策略，就能把形形色色的人玩弄于股掌之中，使之糊里糊涂地为自己的事业加瓦添砖，这是十分可笑的想法。正所谓“路遥知马力，日久见人心”，每个人心中都有自己的评判标准，谁都不可能为一些只想从自己身上榨取价值的人付出。在有利可图的情况下展露善意的伪君子，必然不会被列入好友名单。人们只愿意为真诚的挚友打开心理防线，只愿为真正的朋友提供友谊和便利。所以从长远来看，真诚善良的人才能走得更远。

守信是赢得信赖的不二法门

真理的殿堂里没有虚假。

——哈佛大学校训

哈佛看重诚信，对诚信的要求不仅体现在学术方面，还体现在校园生活的各个层面。在哈佛，人们对作弊、抄袭、弄虚作假等不良行为采取零容忍的态度，保证了学术的严谨性和学风的纯正。日常生活中，哈佛学子非常守时守约，从不拿自己的信用开玩笑，大事小事都遵从约定，人与人之间彼此信赖。

在哈佛，守信不仅是道德要求，还是校规校纪的一部分。哈佛人最不能容忍的就是失信。校方会毫不犹豫地开除任何一个失信的学子，不管他多么聪明，多么才华横溢。1764 年，哈佛大学的图书馆遭受了一场严重的火灾，大量珍贵的图书付之一炬。有个学生在火灾发生前，悄悄把一本图书带出了馆外，使其幸存了下来。他可以把这一珍本据为己有，也可以归还给图书馆，承认错误。经过一番挣扎，他选择了后者，承认自己违反校规带走了一本珍贵的图书，并将图书奉还。校长收下了图书，真挚地表达了谢意，并夸赞了这名学生，紧接着把这名学生开除了学籍。理由很简单：他不守信，破坏了哈佛的校规，必须受到应有的惩处。

诚信是互信的基础，一个人肆意糟蹋自己的信用，就等于玷污人格，不仅毁掉了人性的纯真，还破坏了人际交往的法则，扯断了维系人际关系的纽带。西方人非常注重“契约精神”，无论是在商业领域还是在社会生活的各个方面，“契约精神”无所不在。人们的日常消费、参与的各种社会活动，无一不受到信用评价体系的制约。我国所尊崇的“一诺千金”“言必行，行必果”，与西方社会的契约理念不谋而合，诚信历来被视作获取他人信任最重要的资本。不诚信者不能立世，不讲诚信不仅会失去朋友，还会葬送前途和事业。

有个富翁坐船过河，途中遇到大风浪，船沉了。富翁不会游泳，落水后拼命呼救。恰好有一个渔夫经过。富翁对渔夫说，如果把他载上岸，他将支付一百两金子作为答谢。渔夫二话不说就把他救了上来。安全脱险之后，富翁变卦了，只拿出了十两金子。渔夫很不满意。

富翁嘲讽地说：“像你这样的人这辈子都赚不到十两金子，我给你这么多钱已经不错了，你不要太贪婪了。”渔夫无奈，只好悻悻离去。

后来富翁乘坐的客船又在同一个位置倾覆。渔夫划船路过，看到附近有许多人准备搭救。富翁承诺众人，只要把他救上岸，他立刻支付一百两金子。众人信以为真，争先恐后施救。渔夫说：“这个人不讲信用。上次我救他，他没有履行承诺。”众人一听，纷纷扫兴离去。富翁被淹死了。

这个故事告诉我们，任何时候都不能因为贪图利益而失信于人，否则要付出巨大的代价。做人言而有信，人生之舟才能顺利起航。事事守信，友谊才能地久天长。信义是金钱买不来的，它是无价之宝，一旦失去，就可能再也无法找回。所以千万不要辜负别人对你的信任，别轻易许诺，不要给任何人开空头支票，一旦许诺，必须践行信约，当涉及利益冲突时，要舍弃眼前的利益，兑现诺言，不能因一时贪念出尔反尔。如果出现了事先没有预料到的情况，可能导致诺言无法兑现，要及时与他人沟通，争取赢得对方谅解，以免造成误解。

无论事情大小，言必行，行必果。即使是无关紧要的小事也要做到。不要小看无足重轻的承诺，它看似没有份量，却有可能成为压死骆驼的最后一根稻草，如果不重视它，它就会带来惊人的破坏力，很有可能毁掉你辛苦经营起来的信用评价。

要对自己的承诺负责，不找借口。每个人都应该对自己的言行负责，答应了别人的事就应该做到。如果没有做到，要主动承担责任，不要用貌似合理的理由搪塞，更不能把责任推给别人。

坦率胜过一切伪装和技巧

信任不是强求得来的，只有坦率而真诚地参与所要交往的人的生活，并担负起因这样参与生活所引起的责任，才能赢得他的信任。

——布贝尔

生活中，我们常看到这样一种现象：平时寡言少语的人聚会时忽然变得异常活跃，一个脾气古怪、不好相处的人，莫名变得很讨喜。为什么人们会一反常态，表现出与自己性格截然相反的行为呢？哈佛大学教授布赖恩·利特尔认为，人的性格是稳定的，也是自由可变的。出于某种动机，人们会有意识地重构自己的人格。这种现象在哈佛校园很常见，哈佛大学的某些教授在讲台上侃侃而谈，言辞犀利而富有智慧，表现为外向人格的特质，但私下里性格却格外内向。诚实的老师会对学生们坦诚相待，让对方了解自己另一个层面的人格特质，而不是用高明的伪装和技巧欺瞒学生。

客观地讲，性格没有好坏之分，每种人格特质都有其独特的优势。然而社会的主流文化推崇性格外向、热情奔放、谈吐幽默的人，个性内敛、多愁善感的人就会有意识地伪装自己，强迫自己谈笑风生，表面出健谈活跃的一面，即便面对知己好友，也不敢卸下伪装，这样做是不明智的。为了适应社会，人们不可避免地要披上各种保护色外衣，但在挚友面前最好坦率一些，否则有可能失去纯洁无瑕的友谊。

我们知道狼最脆弱最柔软的部分是肚子，平时绝不会把柔软的肚腹袒露给外界，然而一旦遇到了自己信赖的伙伴，它就会无所顾忌地把身体最脆弱的部分裸露出来。多疑的狼尚能如此，我们人类为何没有这样的勇气呢？归根结底是因为担心自己受伤害，不信任外界，甚至连最好的朋友也不信任，总是以防御的态度对待一切人，总是用硬壳把自己包裹起来。人与人之间的隔膜和芥蒂就是这样产生的。每个人总是期望叩开他人的心扉，但自己却心门紧闭，如此一来，心与心就不能沟通了。只有抛开顾虑，摒弃一切伪装，摒弃所有的策略和技巧，坦率示人，才能赢得真正意义上的知己。

艾玛是一个成功的职场女性，穿着考究的套装，画着精致的妆容，在宽敞明亮的高档写字楼上班，谈吐优雅，笑容甜美，男人爱慕，女人嫉妒。无论在同事眼里，还是在朋友眼里，艾玛都是一个无可挑剔的女人，她有风情有魅力，聪明干练，娇小的身体里潜藏着巨大的能量，似乎能摆平所有的难题。艾玛虽享受着众人的仰视，她却时不时生出一种“高处不胜寒”的落寞感。

因贵为“女神”，很多异性在追求艾玛时会望而却步。因为太出色太优秀，女性朋友在跟她相处时倍感压力，为了避免自惭形秽，总与她保持着适度的距离。艾玛很苦恼，只有她知道自己并不是别人眼里的样子。她其实很脆弱很敏感，而且身心疲惫，非常渴望得到爱。她不是完美的女神，也不是金光闪闪的魅力女性，她像所有人一样有许多小缺点，有很多不讨喜的地方，可是长期以来，她都不敢表现出来。直到有一天，她和朋友丽莎一块吃饭，多喝了几杯，才在酒后吐露了心声：“你知道吗？我很累。你们都觉得我优秀，老板器重，下属敬畏，朋友恭维，似乎我天生就被赞誉和光环包围，但真实的我不像你们看到的那样……”那天艾玛说了很多，酒醒后觉得十分不好意思。丽莎不仅没有对她反感，反而对她更友善了。丽莎认为艾玛只对自己展露出脆弱的一面，表明真把自己当成朋友了。她有点受宠若惊，从此更加珍视和艾玛的友谊了。

哲学家培根说，伪装和掩饰是懦弱的表现，它会让人迷惑，无所适从，还会让人丧失信誉和信念。人们在交友时，最怕友谊掺杂、掺假，不能容忍对方处心积虑地粉饰和伪装，因为那样相处起来很累。和坦率的人相处，才能获得异常放松的感觉。人活得简单真实，能避免猜忌，自己舒心轻松，别人也不用浪费脑细胞猜疑，何乐而不为呢？

幽默是一种人格魅力

我所喜欢的幽默，是能使我发笑五秒钟而沉思十分钟的那一种。

——威廉·戴维斯

一个人的魅力可以来自姣好的外貌、过人的气质；可以来自出众的才华、优雅的谈吐；还可以来自幽默。幽默是一种人格魅力，富有幽默感的人无论走到哪里都受欢迎。在哈佛大学，饱读诗书的教授不仅语言幽默、舌绽莲花，表情动作也非常逗趣，时而旁征博引，时而自我调侃，常常引来阵阵笑声。哈佛虽贵为世界一流学府，课堂氛围却没有那么严肃，师生都很有幽默感，互动时经常笑声不断。毕业后哈佛学子仍然保持幽默感，即使晋升政坛或者从事高端领域的工作，仍不忘调侃，他们不时语出惊人，能引得周围哄堂大笑。

幽默不等同于恶趣味，也不是庸俗不堪的滑稽搞笑，它根植于学识、智慧和修养，能体现一个人的聪慧、狡黠、风度和素养，使之更加可亲可爱。言谈幽默的人时常妙语连珠，不仅能活跃氛围，使人感觉轻松愉悦，还能让人在会心一笑之后有所得，品尝出别样的滋味和深意。所以，幽默的人都是有深度、有阅历的，与之相处受益匪浅。人们喜欢他们，除了被他们的个人魅力所折服，还有一个重要原因，那便是能从他们身上学到很多有价值的东西。

幽默能给人们带来笑声，渲染气氛，拉近人与人之间的距离。人们在莞尔一笑、心领神会之余，玩味笑话之外的东西，既能受教，又能找到许多乐趣，常有一种如沐春风之感，这种奇特美妙的感觉就像化学反应，可使不同的人迅速擦出火花。故而，尽管幽默的话语表达曲折含蓄，却有一种直抵人心的力量，可以最快捷的方式叩开他人的心灵。

有时候幽默是一种安全的沟通方式，在受到置疑时，率先自嘲，既巧妙化解了来自外界的攻击，又把不友好的谈话氛围由冷色调转成了暖色调，帮助自己瞬间脱围，不失为一种高明之举。位尊者幽默自嘲，不仅不会降低身价，还能增强自身的影响力，获得更多的支持。这就是政客们喜欢自行揭短的根本原因。他们自嘲，倡导平民精神，往往能收到一呼百应的良好效果。一个人不够自信，也可以用幽默的自嘲化解尴尬，这样做最容易收获同情和情感支持。

除了启发别人，运用自嘲调节气氛外，幽默更大的作用在于，它可以充当人与人之间的润滑剂。试想一下，如果没有了幽默，没有了无伤大雅的玩笑，人与人之间的交流会变得多么乏味，社交的乐趣也会减少很多。朋友之间不能缺少幽默，有时候大家正是在互相调侃中升华友谊的。所以做人不能太严肃刻板，不时开开玩笑，为生活增添一些趣味，在给他人带来快乐的同时，也愉悦了自己，不失为一种健康的生活态度。

HARVARD PSYCHOLOGY

哈佛第五课

积极心态——驱走负能量，拥抱正能量

坏情绪不是垃圾，而是一种暗能量

一个人如果能够控制自己的激情、烦恼和恐惧，那他就胜过国王。

——约翰·米尔顿

人人都渴望自己浑身充满正能量，像太阳一样璀璨耀眼、光芒四射，然而每个人都有可能被坏情绪裹挟，陷入迷茫、恐惧、悲伤、焦虑、嫉妒的情境中。哈佛大学的教授也不例外，许多教授在授课时，都会毫不隐讳地提到自己人生中最困惑、最黑暗的阶段，以期给学生们带来更多的启迪。他们分享过失恋后的痛苦，分享过自我怀疑的岁月，分享过胜利的喜悦和失败的过往。他们并没有因为负面体验的存在，而羞愧难当。

哲学家黑格尔说过：存在即合理。负面情绪的存在必然有它的合理性。我们不能简单地把它当成垃圾看待，而要把它看成一种能逼迫自己成长的暗能量，化痛苦为力量，在涅槃中重生。客观地说，欢乐总是短暂的，它在我们的记忆中留下的痕迹浅淡模糊，不足以成为激发我们上进的原动力。而坏情绪总是促使我们警醒和完善自我，反而有助于我们成为更好的自己。所以不要过度排斥坏情绪，而是要学会利用它。

凯瑟琳是一个非常阳光的女孩，每天笑呵呵的，似乎永远无忧无虑，就像长不大的孩子一样。二十三岁时，她仍然像十几岁的少女那样天真烂漫，但生活却不允许她永远幼稚和欢乐下去。大学刚毕业不久，母亲大病了一场，几乎花光了家里所有的积蓄，凯瑟琳一夜之间由富足的公主沦落成了穷困的平民。她没有钱买漂亮的衣服，没有钱买化妆品，天天省吃俭用，工资大部分都用来支付母亲的医药费。整天忙得昏天暗地，下了班还要跑去打工。

家里的大房子卖掉了。凯瑟琳和母亲搬进了廉价的公寓，屋子很小，墙壁暗淡，壁纸散发着霉味，地板破败不堪，踩上去吱吱作响。母亲不适应新生活，经常偷偷落泪。凯瑟琳有时候也会心情低落，不过她很快就调整了过来，她认为上帝在考验她，在以一种独特的方式教她成长，所以她不仅没有一蹶不振，反而以饱满的热情投入新生活之中。

从进化论的角度讲，负面情绪也是有积极作用的，否则它早就在人类漫长的进化过程中被彻底淘汰掉了。譬如恐惧的情绪可以让人以最快的速度逃离危险，以保障自身的安全。我们的祖先生活在危机四伏的丛林里，如果神经时时放松，不知道什么叫害怕，就会被毒蛇咬伤，被猛兽吃掉，还有可能遭遇更可怕的凶险，死无葬身之地。身处险境时，大脑自动报警，确实能起到趋利避害的作用。如今人类早已走出丛林，但恐惧仍然有它存在的价值。正是因为有所忌惮，人类的行为才能被约束在法律和道德的框架内，避免做出出格的事情。

焦虑会使人痛苦，但也能帮助人们意识到潜在的危机，通过积极的行为增强抗风险的能力。杞人忧天的焦虑固然不可取，但一个人要是没有焦虑的情绪，就不会产生危机感，也就没有了未雨绸缪的打算，终日得过且过，一旦危机来临，很有可能手忙脚乱无法应对。有时候焦虑未必是坏事，如果我们总能想到最坏的情况，总能为最糟糕的情况做准备，那么无论发生什么事情都能从容应对了。

愤怒在人类进化史上起到过非常重要的作用。人类的祖先在捍卫地盘、争抢食物、参与部落战争时，都会愤怒，愤怒赋予人力量，使其战胜强大的敌人，得以艰难地存活下去。客观地说，愤怒不是洪水猛兽，而是一种近乎本能的反应。当人们遭遇不公的对待，受人冤枉，或正当权利受到侵犯时，都会感到愤怒无比。如果没有了愤怒这种情绪，他人就会变本加厉地伤害我们，使我们的生存环境变得更加恶劣。因此愤怒既是生存的需要，也是维权的需要。

嫉妒被列为恶行七宗罪之一，但它的存在也有一定的合理性。牛津英语词典在解析嫉妒一词时这样描述："在注视着另一个人拥有一些高于自己的优势时产生的屈辱感。"也就是说我们感到技不如人时，就会产生强烈的嫉妒情绪。嫉妒有可能引发恨意，给别人和自身带来伤害，但如果能正确引导，它也可以转化成一种正能量。因为嫉妒别人，我们更容易看清自己的不足，意识到自己与别人的差距，自然会想方设法地自我提升、自我完善，直到达到与他人不相上下的成度，才能罢休。所以从另一个角度看，嫉妒能使人进步，能促成自我实现。其实任何一种消极情绪，一旦调节失败，都可能造成灾难，如能合理疏导，反而将转化成积极能量，督促我们进步和成长。

定期给心情排毒，让心灵呼吸阳光和氧气

没什么东西能真正平息你内在的骚动，能带来平静淡定的，只有你自己。

——拉尔夫·沃尔多·爱默生

哈佛大学做过一项调查，90%的疾病都是由情绪引起的。大多数罹患癌症的人都和父母关系不睦，被负面情绪占据了生命中的大

部分时光。德国一位研究癌症的医生证实了哈佛大学的说法，在研究了上万名癌症患者以后得出结论，说癌症确实与人的情绪有关。这些病人在患病前都遭受过巨大变故，或经历丧亲之痛，或与爱人、子女交恶，或者承受了其他灾难，长期处于悲伤愤怒的极端情绪中，久而久之便抑郁成疾，发展到癌变。

情绪是一种能量，如果处理得法，它能产生积极的作用。反之，狂暴的情绪得不到排解，就会残留在体内危害我们的身心健康。据说，人的情绪坏到极点时，产生的毒素足以杀死一只小白鼠。可见恶劣的情绪有多么可怕。情绪的负能量储存在体内，将引起内耗，能量外泄攻击性对外时，可能引起连锁反应，酿成悲剧。

有一位经理，一天起晚了，眼看要迟到，洗漱完毕之后匆忙出了家门。路上接连闯红灯，被交警拦住开了罚单。结果上班迟到了。这位经理郁闷难当，气急败坏地赶到办公室，发现该寄出的文件仍然堆在办公桌上，更加生气了，他把秘书叫来劈头盖脸地大骂了一顿。秘书窝了一肚子火，怪罪总机小姐没及时提醒她寄信，她把总机小姐骂得狗血喷头。

总机小姐万分委屈，心情无比糟糕，不知如何发泄，便把清洁工叫来指指点点，指责对方清洁工作做得不到位，把对方严厉地批评了一通。清洁工带着闷气回了家，看见儿子正在津津有味地看电视，零食和学习用品散乱地摆放着，于是他把儿子声色俱厉地教训了一顿。儿子气冲冲地回到卧室，看见家里的大花猫正懒洋洋地睡大觉，顿时怒不可遏，上前狠狠地踢了一脚。猫横冲直撞跑到街上，恰好有一辆大卡车迎面而来。司机为了避开猫，把一个小孩子撞伤了。

坏情绪是可以传递的，糟糕的心情不仅损害自身的身心健康，还会沿着社会关系链条传播给其他人，危害更多人的健康，乃至酿成事故。所以为了自己，为了他人，我们应该学会定期给情绪排毒，及时疏导和消解不良情绪。

心情郁闷时，不妨运用情绪 ABC 理论，使用鼓励性的话语和积极的暗示改变自己的不良信念，怀着乐观的心态解读发生在自己身上的事情，从而改善不良心境。如果经历了天灾人祸或一系列倒霉事，依靠自己的力量无法恢复心情，可以考虑找信赖的朋友倾诉。倾诉是舒缓心情的一种有效方式，通过倾心交谈把所有的不快倾吐出来，心情会畅快很多。注意，倾诉对象必须是能理解你的挚友，不要随意向别人倾倒情绪垃圾，以免他人反感，或者对方无视你的苦难，对你嗤之以鼻，进而造成二次伤害。

悲伤抑郁、满腔愤懑时，不妨看一些温馨的喜剧片，通过一些有笑有泪的经典桥段治愈自己。一般而言，喜剧片能放松心情，而有深度和有哲学意味的喜剧片则能引人深思，给人以正面启迪。看到欢乐片段时，不妨任由自己哈哈大笑，笑过之后，心情便会豁然开朗。

研究表明，大笑有助于人心情变好。日本人压抑时喜欢照哈哈镜，看着镜中变形扭曲的夸张镜像，无所顾忌地纵声大笑，事后满肚子的委屈怨气就会烟消云散。专家认为，大笑可增强人体免疫力，使人产生愉悦的感觉，并能对生活品质产生积极影响。为此，欧美心理学家发明了大笑疗法，组织人群参加大笑派对，让人们在欢笑氛围中寻找人生的积极意义，逐渐恢复身心健康。随着倡导者的大力推行，这种疗法目前已经风靡世界。

美国人发明了沙盘排毒疗法。人们感到不高兴时，就冲进沙滩玩沙子，任由细软的沙粒从指间划过，进而放飞心情，感受它的奇妙触感。让双脚踩踏着被阳光晒热的沙子，顽皮地用脚趾撩拨，仿佛孩童一样天真烂漫，所有的烦恼顿时被抛到九霄云外。

克服焦虑，不为明天的烦恼埋单

我们的忧虑不会带走明天的难过，只会带走今天的力气。

——查尔斯·司布真

哈佛大学的两位研究员在美国《科学》杂志刊载了一篇名为《走神儿的心是不快乐的心》的论文。其中的一位叫马修的研究员在参加 TED 演讲时又一次提到了那篇论文，并对论文中的论点做出了详细说明。他说在近半个世纪的时间里，美国经济飞速发展，物质极大丰富，人们生活富足，然而幸福感却不见增加。经过一番调查发现，走神儿是导致人们不快乐的主因。无论是在通勤路上，还是在工作中，人们都会不自觉地走神儿，想要安心地读一本书都变得异常困难。大多数人精力都没有集中在手头上的事情上，脑海里总是想着其他东西。这种生活方式不仅影响了工作效率，还降低了当下的幸福感。

人们走神儿的时候都在思考什么呢？极少的人会憧憬未来，回忆美妙的事情，大多数人都忧心忡忡，在为明天的烦恼埋单。比如如何应付明天的各种开销，怎么偿还房贷车贷，怎么应对各种挑战和危机，越想越焦虑，以致无法享受当下的生活。

受进化的影响，人类的思维天生就有时空旅行的能力，我们的思绪经常会有意无意地穿越到未来，提醒我们为将来做打算。如果我们能平衡好当下和未来的关系，就能在享受当下的时候防患于未然。反之，做任何事情都走神儿，总是为明天苦恼，就会患上严重的焦虑症，惶惶不可终日。

有个老妇人年过半百时丧夫，一夜之间成了悲伤的寡妇。她尚未从悲痛中走出来，就又遭遇了更多的不幸。她的子女为争夺财产反目成仇。丈夫名下的加油站资不抵债破产了。她不得不变卖家产还债。此后她郁郁寡欢，整天为未来担忧。她想自己已经一无所有了，必须得找份工作谋生了。可是谁会雇佣一个54岁的老女人呢？即使有人愿意请她，她又能干些什么呢？她担心自己太老遭人嫌弃，又担心精力不济，忍受不了高强度的工作，从早到晚都在担忧，身体慢慢垮了。

由于焦虑过度，老妇人生了重病，住进了医院。医生说："你病得很重，必须长期住院治疗。"老妇人为难地说："我付不起住院费，该怎么办呢？"医生建议她在医院打扫卫生，以换取治疗费用。老妇人别无选择，便点头答应了。她手持扫帚干活时，心情平静了下来。她对自己恢复了信心，觉得这项工作自己一定能胜任。在打扫房间时，她看到了很多病人，发现自己的病情并不是最严重的，顿时觉得无比幸运。因为心情好，她干活越来越有力气了，每天忙忙碌碌，渐渐地，她也不再为未来担忧了。

后来，老妇人恢复了健康，临近出院时，说服医院留下自己做保洁。医院答应了。因为她不仅有打扫卫生的工作经验，还非常了解病人的心理，非常难得。院方不在乎她年纪大，高高兴兴地聘用了她，三年后，老妇人成为这家医院的心理咨询医师，开启了新的人生。76岁那年，她拥有了医院51%的股份，过上了富足快乐的生活。

过去已成为历史，未来遥不可及，我们唯一能把握的是当下的日子。只有拉回超前的思维，摒弃一切虚幻和妄想，踏踏实实地活在当下，才能领悟生命的真谛，快快乐乐地过好每一天。不要为明天的面包焦虑，从现在开始，做好手头的每一件事，过好每一分每一秒，让自己活得充实而快乐，让每一天都没有遗憾，拥抱美好时光，珍视所有值得珍惜的人或事物，收获更多的惊喜。

其实克服焦虑很容易，别去触碰时间遥控器，别去按快进键，别急着进入下一刻，学会高效利用时间，让流逝的每一分钟变得有意义有价值，这样我们就不会因虚度年华而悔恨，不会因碌碌无为而羞耻，也不会怀疑应对风险的能力。与其胡思乱想、焦虑不堪，不如早作规划，早点付诸行动，把自己修炼得更强大，让自己变得更优秀。

及时给愤怒情绪灭火

即使是最可尊敬的人，也会受愤怒的奴役和凌辱。

——巴勃里

喜马拉雅山脚下聚集着一种凶猛的蜜蜂，连鸟见了它们都要退避三舍。有种叫蜂虎的鸟是这种大蜜蜂的天敌，不仅不怕大蜜蜂，还以大蜜蜂为食。蜂虎鸟从来不屑于偷袭蜂巢，而是采用一种巧妙的办法来激怒猎物。它们用小小的翅膀飞快地触碰蜂巢，大蜜蜂若没有反应，它们便接二连三地触碰蜂巢。大蜜蜂在接连遭受挑衅之后，忍无可忍，便愤怒地向敌人发起了攻击。

由于蜂虎飞行速度较快，大多数大蜜蜂都追赶不上，只有少数大蜜蜂能追上。大蜜蜂的大军被远远甩在后面，冲锋陷阵者孤立无援，很快成了蜂虎的美餐。是什么让大蜜蜂犯下了羊入虎口的错误呢？是冲动吗？不，是愤怒。

愤怒是一种可怕的情绪，可让人瞬间丧失理智而犯下愚蠢的低级错误，甚至做出悔恨一生的事情。哈佛大学的学者研究发现，在过去33年里，学术界发表的所有心理学论文中，有关愤怒的文章已经达到了5000篇。可见学者们非常重视愤怒这种消极情绪。愤怒的破坏力是惊人的，美国心理学家大卫·纳朗博士说，怒气冲天时，人的视线会变窄，将增加交通事故的概率。带着怒气开车是车祸频发的原因之一。此外带着怒气入睡，会无形中加深糟糕的记忆，导致失眠和其他心理问题，不仅不能养精蓄锐，还会使人更加乏力和烦躁。

人在愤怒时可能暴饮暴食，摄入大量不健康食品，导致营养过剩和肥胖。有的人喜欢通过疯狂购物的方式消化怒气，无节制透支信用卡，导致债台高筑。更有甚者把愤怒情绪转嫁给他人，引发剧烈冲突，发展成激情犯罪。不能及时浇灭怒火，可能憋成内伤，也可能伤及他人。即使没有酿成灾祸，也会给自身和他人造成极大的困扰。生气时脱口而出的伤人话，歇斯底里的咆哮，将深深伤害别人的感情，毁掉多年的友谊。

生气时千万不要争吵，不要去指责任何人，不要过分计较是非对错。先按捺住怒火，让情绪稳定下来再沟通，这样做比火上浇油式的责骂、批评更有意义。做人要学会内省，不能把所有的过错都推给对方，而应站在客观公正的立场审视问题，重新评判事件。头脑不冷静，意识通道变得狭窄时，千万不要做重大决定，务必三思而后行。

美国心理学家欧廉·尤里斯提出了三步制怒的方法：第一步有意识地降低音量，第二步把语速放慢，第三步挺直胸膛。听起来十分简单，没有任何高明之处，然而它却十分实用。仔细观察，你会发现，人在发怒时，说话的音量会不自觉地提高，声音变得响亮和咄咄逼人。随着音量的增高，怒火迅速蹿升，进而发展为怒吼和咆哮。所以控制怒意，首先要从控制音量开始，让你的声音从尖锐、刺耳、粗门大嗓，变得柔和低沉，你的心情将迅速平复下来。

人在火冒三丈时，语速会加快。通常越愤怒语速越快。超快的语速是急躁的反应，也是斥责别人或自我辩驳的需要。当你以争吵的架势和疯狂的语速讲话时，不仅会给别人带来强烈的压迫感，还会带动自己的情绪反应，使怒意倍增。所以，放慢语速，让自己的声音变得像小提琴一样舒缓，通常能迅速瓦解怒气，对于调节心情十分有效。

挺直胸膛，让肺部吸入更多新鲜氧气，能起到舒缓心情的作用。深呼吸几次，让大脑和身体的每个细胞吸入足够的氧气，可使人变得更加理智和清醒。此外，胸部挺直能迅速振奋精神，以避免陷入破罐子破摔的恶性循环。

愤怒过后，不妨冷静想想，你为什么会生气，是为了表达不满，还是别人冒犯了你，抑或你只是生自己的气，不知不觉把怒火转移给了别人。想想你的怒气仅仅是一种表象，还是在某种程度上反映了你的某种弱点抑或是某种隐秘的情结，比如深度自卑、缺爱、缺乏安全感和嫉妒等。深入挖掘自己愤怒的原因，然后从源头上浇灭怒火。

停止抱怨，告别受害者角色

人生是不公平的，习惯去接受它吧。请记住，永远都不要抱怨！

——比尔·盖茨

哈佛教授泰勒·本·沙哈尔在教授“幸福课”时说，自怜和抱怨是造成抑郁沮丧的重要原因，只有主动承担责任，摆脱受害者角色，才能走出不幸和悲情状态，收获真正意义上的快乐。他认为，即使一个人成长环境恶劣，只要能够自立自强，乐于把抱怨的时间花在改善自身处境上，是有希望冲破困境过上幸福生活的。

客观地说，大多数人都有受害者情结。泰勒·本·沙哈尔也不例外。他年轻时经历了痛苦的失恋，一度自怨自艾，他抱怨自己不够好，抱怨父母教子无方，没把自己培养成能吸引女性的魅力男子，抱怨前女友绝情，抱怨前女友的父母教导无方，甚至抱怨政府。无休止的抱怨并没有让他走出失恋状态。直到他不再抱怨，彻底告别受害者角色，坦然接受失恋的事实，才最终摆脱了灰暗的心境。

每当经历挫折和痛苦时，我们都习惯抱怨。潜意识里我们认为外部环境是险恶的，充满了不确定性，内心极度缺乏安全感，不知不觉中，就把内心的阴暗和敌意投射到了别人身上，牢骚和抱怨就这样产生了。从某种意义上说，抱怨是一种自我保护机制，一旦找到了抱怨对象，就好比找到了替罪羔羊，这样我们就不必承担责任和过失，可免于自尊受挫或信心崩塌。把一切过错归咎于外部环境、他人或其他客观因素，短期内可转嫁责任，并获得同情和怜悯，有一定的好处。但从长远来看，这样做是不可取的，只知道责怪别人不愿意承担责任的人，通常原地踏步无所作为，不利于改善自身处境，还会遭致别人的厌烦，沦为人人避之不及的瘟神。

有个商人从撒哈拉沙漠回来，他对朋友们说："撒哈拉沙漠埋藏着大量黄金，我自己没办法把那么多金子运过来，只运了一点点，一个礼拜的时间就赚了 100 万美金。这可是一本万利的生意。你们要是想发财，就跟我到沙漠一起掘金吧。"朋友们一听，非常高兴，纷纷加入了淘金的队伍，浩浩荡荡向沙漠进发。

一行人在沙漠了跋涉了四五天。随身携带的水喝光了，食物也没有了。人们又饿又累又渴，渐渐陷入了绝望。到了晚上，忽然刮起了沙尘暴，有的人被大风卷走，有的人被流沙吞没。死亡的阴影笼罩在每个幸存者的头上。大漠里一片哀嚎之声。惊恐之余，人们都开始后悔，觉得不应该以身犯险，来大漠掘金。他们纷纷谩骂商人，抱怨恶劣的天气，诅咒寸草不生的沙漠，后来发展到互相攻击。所有的人都认为他人应该为自己的不幸负责，全然忘了是贪欲把他们引到沙漠里来的。抱怨没有使他们走出困境，等待他们的只有死亡。

受害者喜欢以弱者自居，把所有人都想象成加害者，认为一切都是别人的错，每个人都对不起自己，拒绝从自己身上找原因。人们之所以有这样的反应，可能和家庭教养有关。如果父母总是扮演受害者的角色，一旦遇到问题就推卸责任，抱怨指责孩子，希望引发后者的内疚情绪，使后者变得更听话乖巧，等孩子长大以后，就会复制这种待人处世的模式，凡事不承担责任，一味强调他人对自己的伤害，总是怨天尤人，对外界充满不满。

真正的强者，都能背负起自己的人生责任。只有弱者和心智不成熟的人才喜欢扮演受害者的角色。诚然，每个人都有软弱的时候，每个人都有想抱怨发牢骚的时候，一切都是人之常情，但抱怨不能解决任何问题，只是逃避问题的一种策略而已，只有停止抱怨，挥手告别受害者的角色，勇于承担责任，才能驱走负能量，以积极的状态迎接每一个美好的明天。

让泪水稀释悲伤

坚强，不是面对悲伤不流一滴泪，而是擦干眼泪后微笑着面对以后的生活。

——宫崎骏

心理学家认为，人悲伤时身体会产生很多有害物质，眼泪能把这些囤积在体内的有害物质排出体外，所以哭泣对人体是有益的，而强忍泪水则无异于慢性自杀。故而从某种意义上说，眼泪能疗伤是有一定科学根据的。

毕业于哈佛医学院的普莉希拉·陈谈及自己初入哈佛的情景，仍忍不住伤心落泪。那段回忆令她至今刻骨铭心。作为大一新生，她感觉与周围的环境格格不入，承受着前所未有的压力。同学们都出类拔萃，处处体现出精英范儿，自己体现不出任何优势，似乎完全不属于这所名校。因为遇上了现任丈夫马克·扎克伯格，她才免于崩溃。其实她能振作起来，不仅仅得益于爱情的滋养，泪水也起到了关键性作用。哈佛学子虽然都是万里挑一的天之骄子，智商情商双高，但也都有自己的苦恼，谁都有心情恶劣，想要痛哭的时候。普莉希拉·陈有泪就轻弹的做法反映了大多数哈佛学子的态度，他们并不忌讳用泪水稀释悲伤，不会为了维护形象强颜欢笑、故作坚强，所以在痛哭之后往往能很快恢复过来。

美国学者研究表明，人在痛哭一场之后，情绪强度通常会降低40%，心情比哭泣之前舒畅许多，精神状态明显有所好转。而那些羞于哭泣，拒绝用眼泪排解压力的人，不仅会得各种心理疾病，还会使健康状态恶化。可以毫不夸张地说，哭是疗愈身心最简单、最有效的方式，有时候心情不佳，痛痛快快地大哭一场，比服用任何良药都管用。

查理35岁那年提前遭遇了中年危机，他的事业陷入瓶颈期，收入多年未涨，家里的花销却越来越大。父亲得了冠心病，花销巨大，不久又得了高血压，出现了一系列并发症，长期卧病在床。为了给父亲治病，查理每天疲于奔命。查理的儿子迷上了钢琴，立志成为一名伟大的钢琴家。妻子认为孩子很有天赋，需要悉心栽培，不惜花重金聘请老师。后来儿子在一场钢琴大赛中得了奖，展露出惊人的才华，希望出国深造。查理咬牙答应了，默默送走了儿子。从此身兼数职，要打好几份工赚钱。

由于过于疲惫焦虑，查理看起来十分苍老，精神状态非常差。他忙着上班，忙着照顾生病的父亲，忙着给远方的儿子赚学费，还要从百忙之中腾出时间来应酬。在客户面前，他不敢流露出身心交瘁的一面，始终装作神采奕奕，即使发着高烧，也得咬牙坚持着谈合约。有一天，他签了一笔大单，心里五味杂陈，跑到酒吧独自庆祝了一番。酒后头痛欲裂，回到家里狂吐了一地，吐完后忍不住哭起来。他把自己锁在房间里，像个小孩子一样号啕大哭，不知哭了多久，才停止了抽泣。神奇的一幕发生了，哭完之后他发现自己不再胸闷心塞了，压在心头的一块大石似乎被卸了下来，心情豁然开朗。

很多人认为，哭泣是软弱无能的表现，宁肯默默吞咽苦水，也不愿意流泪。只有找到寂静无人的角落，才敢独自舔舐伤口。由于秉持这种观念，对于痛苦，大多数人选择了隐藏和压抑，脸上总是一副不动声色的表情，有时候还会挂着精心伪装的微笑，可心里却在流血。其实哭是人的正当权利，也是人类的本能。人类从婴儿时期开始就已经学会了用哭表达自己的情感。孩提时代受了委屈，感到难过，常常落泪，有时还会号啕大哭。随着年龄的增长，人们哭泣的次数越来越少，被强制压抑下的情绪得不到充分释放，久而久之，便造成了身体功能的紊乱。

任何人在遭受突如其来的变故和沉重打击时，都会产生想哭的冲动，面对巨大的生活压力倍感无助时，都想大哭一场，这是人的正常反应。想哭的时候千万别强忍泪水，痛痛快快地哭出来，尽情地释放负能量。哭过之后，迅速调整自己的情绪状态，以饱满的状态对待每一天，然后在哭哭笑笑中体悟悲欢人生，以风轻云淡的姿态从容过好每一个今天。

做个无忧无虑的乐天派

乐观的人永葆青春。

——拜伦

面对半杯水，有人忍不住哀叹，因为他觉得杯子的一半是空的，仅存的半杯水不足以解渴，有人却异常惊喜，觉得还剩下半杯水，自己何其幸运；面对玫瑰花，有人看到了花下的利刺，有人看到的却是刺上的鲜花。这就是悲观者和乐观者的区别。

哈佛大学的研究员曾采用核磁共振成像技术扫描悲观者和乐观者的脑部，以揭示两者在加工信息和解读生活事件等方面的区别。受试着被要求想象中了大奖或结束一段感情，结果发现，悲观者大脑中调节情绪的区域和记忆处理的区域活动减弱，而乐观者大脑的这两个区域则异常活跃。由于前者的“乐观中枢”出现异常，把实际情况想象得更糟糕，很容易出现抑郁。

研究表明，一个人悲观还是乐观，运用怎样的风格解读发生在自己身上的事件，是由先天因素决定的，基因起着不可忽视的作用。有的人无忧无虑，天生就是乐观派，这是乐观基因的功劳；有的人整天忧心忡忡，总有大祸临头之感，长期紧张焦虑，这是悲观基因惹的祸。面对同样的事情，悲观者和乐观者脑海里有不同的自动化思维，前者习惯想象最差的结果，而后者却善于从危机中看到机遇。

有一对兄弟从小在相同的环境中长大，但却性格迥异。哥哥天性乐观，无论遇到什么事都不放在心上，每天快快乐乐。弟弟天性悲观，即使事事顺利，也整天心情沉重，总担心有坏事发生。父亲既怕哥哥盲目乐观，看不到危机，又担心弟弟过于悲观，患上抑郁症，于是父亲有意识地鼓励和补偿后者，给弟弟买了一堆精致的玩具，什么也没给哥哥买，只给了他一堆牛粪。

父亲观察两兄弟的反应。没想到哥哥不仅不伤心，还在牛粪中玩起了探宝游戏，愉快地对父亲说："既然你送一堆牛粪做礼物，那么一定在里面埋了宝贝，我一定要把它找出来。"弟弟的反应更加超出预料，他坐在一堆昂贵的玩具中，丝毫也不觉得快乐，反而莫名悲伤不已。很多玩具都被他徒手摔碎了。父亲见状顿时明白了，若想让孩子转换心境，只靠鼓励或打压是不起作用的，只有教会他们调整内心，才能改变心态，转换思维方式。

虽然我们对待事物的态度受到先天因素的制约，但这并不意味着我们要永远受制于DNA的影响。尝试调整内心，运用科学的方法改变解读事件的方式，完全有可能由一个悲观者转变成乐观者。想要做乐天派，必须有坚定的信念，遇到挫折不能过早灰心放弃，要允许自己失败，让自己从失败的探索中获得心理免疫力，进而提升抗压抗挫折能力。

一般而言，乐观的人经历挫败后，常把失败归咎于客观因素和可改变的因素，他会从失败中看到机遇和各种可能，所以不会自暴自弃。譬如考试失败他会认为是自己状态不佳没发挥好，而不是把失败归咎于自己智力低下、不够聪明等不可变更的永恒因素，这样下次便能再接再厉，重新应对挑战。学习乐观者的解释风格，运用到生活的各个方面，久而久之，你的思维就会发生翻天覆地的变化，性格也会随之转变。

如果接连失败，已经对自己丧失了信心，你不妨尝试着用想象成功的方式重拾信心。在脑海里精心勾勒成功的画面，调动所有感官，感受那个美妙的时刻，体味激动人心的一刻，感受那一刻的喜悦，让大脑中的神经元被激活，进而开启“乐观中枢”，重新点燃梦想。

由悲观转为乐观，最有效的方式是矫正思维，其中认知行为疗法较为实用。在心情低落时，不妨问问自己哪些想法是片面的、夸张的，哪些想法严重扭曲了事实，想想自己的评估层面是否出现了问题。把与事实不符的念头逐一列出，然后拿出客观依据逐一反驳，写下矫正后的思维，重新评价事件。锲而不舍地坚持练习，慢慢转换思路，天长日久，你将改变自己的解读风格，成为一个理性的乐天派。

吸引力法则：“心想”真的能“事成”

有必胜信念的人才能成为战场上的胜利者。

——希金森

哈佛大学教授泰勒·本·沙哈尔认为，信念即自我实现预言。他以罗杰·班尼斯特的运动生涯为例，阐述了信念是如何促成自我实现的。20 世纪 50 年代，医学界认为 4 分钟奔跑 1 英里是人类运动的极限，牛津大学的医学博士兼出色奔跑健将罗杰·班尼斯特不相信，他一次次挑战人类能力的极限，结果每次都失败了。可见医学和科学的论断很难被打破。熟料多年以后，罗杰·班尼斯特又一次发起挑战，仅用3分59秒就跑完了1英里的路程，以1秒之差刷新纪录，制造了轰动一时的新闻。他把不可能的事变成了可能，创造了奇迹。

罗杰·班尼斯特之所以成功，是因为他始终相信自己能成功，即便全世界都质疑他的能力，他仍然不改初衷，信念毫不动摇。这种心想事成的过程，被称为吸引力法则。吸引力法则指的是把精力和能量集中于一点，让它吸引着你持续关注有关成功的因素，从而完成自我实现。简言之，你相信什么，关注什么，渴望什么，就会朝既定的方向努力，使事态向想象的方向发展。你发自内心相信自己会拥有的东西，终会得偿所愿。很多人认为吸引力法很神秘、很深奥，其实它是一种很简单的东西，所揭示的无非是信念、潜能的关系，即信念能激发潜能，使遥不可及的梦想变成可触碰的现实。

邮差薛瓦勒有一次外出，被石头绊了一下，差点儿摔倒。他好奇地拿起那块石头查看，发现它外形奇特，十分美观，便小心翼翼地将其装进了邮包。随即，他开始突发奇想：如果能多收集一些漂亮的石头，建造一座美轮美奂的城堡就好了。此后，他每每外出送信，都会有意识地寻找一些形态各异、外观美丽的石头，努力为心目中的城堡收集原料。为了捡回更多的石头，他送信时用上了独轮车，归途中顺便拉一车石头回家。

薛瓦勒日复一日地白天捡石头，晚上构思石头城堡的蓝图。人们都认为他痴心妄想，谁也不相信一个乡下邮差有能力建造出一座华丽的城堡。面对嘲笑和讥讽，他毫不介意，照旧早出晚归地收集石头。转眼二十多年过去了。人们都忘了他要建造城堡的事情。后来在薛瓦勒居住的偏僻小乡村，如雨后春笋般涌现出了许多精美绝伦的城堡。1905年，有位记者参观了这座别具风情的城堡，为它的布局和装饰赞叹不已，挥笔写下了一篇热情洋溢的文章，文章发表后立刻引起了大众关注。无数人慕名来参观，连毕加索都被深深吸引了，千里迢迢赶来一睹它的堂皇瑰丽。

现在，这座名噪一时的城堡已经成为法国亮丽的风景名片，吸引了一批又一批的游人前来参观。据说城堡的入口处竖着一块石头，上面镌刻着一句名言："我想知道一块有了愿望的石头能走多远。"显然，这座雄伟壮观的城堡就是最好的注解。

有梦想的人常被嘲笑做白日梦，所以很多人不敢大声说出自己的梦想，有的人甚至会对自己的愿望产生怀疑，不敢对未来有所期待，结果脱离了吸引力法则的引诱，沦为庸庸大众中的一员。能像薛瓦勒那样坚守信念、坚持到底的人少之又少，所以成功者寥若晨星。由于善始者众善终者寡，吸引力法则不会在每个人身上发挥作用，多数人的潜能都处于被抑制的状态。那么如何才能克服自身的局限，让吸引力法则助自己成功呢？

第一步，要厘清愿望，弄清你想要的究竟是什么，愿望可以宏大，但不能太抽象，否则它就是虚无缥缈的海市蜃楼，无法激起你的欲望。第二步，把注意力集中到愿望上。摒弃一切杂念，排除外界的干扰，专注于自己的信念，要深信终有一日你会完成某事或获得梦寐以求的东西。第三步，落实行动。让行动和愿望合一，努力达成目标，使愿望成真。

激发内心的小宇宙

没有人事先了解自己到底有多大的力量，直到他试过以后才知道。

——歌德

在哈佛“幸福课”上，泰勒·本·沙哈尔教授给出了激发潜能的方法，即关注自己的优势、美德和长处，不断自我激励，直至成功。他认为长期以来人们陷入抑郁、恐惧、焦虑的负面情绪，看不到任何希望，是过分关注自己的缺点和短板所致。而事实证明，所有的取长补短都比不上关注优点、激发内心小宇宙重要。那些总是关注自己长处的人，不仅更快乐更健康，而且更易成功。

每个人都想激发潜能，那么什么是潜能呢？有一本情商书是这样定义的：“潜能，通常是指一个人的身体、心理素质等方面存在的发展可能性。潜能是一个人本身具备但还没有被开发出来的能力，它就像是一双隐形的翅膀，只有从人们发现它的那天起，它才会让你真正插上双翼，带你在天空自由飞翔。”是的，潜能有一种奇妙的力量，可以化腐朽为神奇，让平凡的人创造历史，书写自己的精彩华章。

41 岁那年，露丝失业了，不久她的丈夫也失业了。由于没有还完住房贷款，他们的房子随时可能被银行收走，夫妻俩面临着露宿街头的风险。他们没有存款，没有工作机会，日子过得捉襟见肘，有时一连好几天都得靠吃黑面包充饥。为了谋生，露丝在街上摆起了食品摊，售卖饮料和各种可口的小零食。以前她在公司上班，不用早起，如今自己创业，每天天刚蒙蒙亮就开始忙碌了。

由于一直做文职工作，露丝分外文静，不知道怎么跟来来往往的顾客打交道，一张嘴便紧张得面红耳赤，说话颠三倒四，但顾客不仅没有笑话她，反而觉得她害羞的样子很有趣，于是经常前来购买她的食品。她的胆子因此慢慢大起来。经过一段时间的磨炼，她不仅能熟练报价，而且对顾客提出的问题都能对答如流了。有时还能想出许多吸引客源的奇妙点子。比如采用精美的包装吸引顾客的眼球，或是打出令人耳目一新的广告语。很快，她就在繁华的街市上打出了知名度。一个月下来，她的收入远远高于以前工作的收入。她终于看到了希望。

后来，露丝的生意越做越大，渐渐地，一个人忙不过来。丈夫便成了她的帮手。夫妻同心，把小摊经营得红红火火。他们用赚来的钱租下了一个店铺，开了一家餐馆，餐馆盈利之后，又开办了许多连锁店。若干年以后，两人成了当地有名的企业家。接受采访时，露丝感慨颇深地说："我从来没想过能取得今天的成就，以前我是那么平庸，唯一擅长的就是烹饪，如果不是突然失业，我可能不能一展所长，这辈子都不会有一番作为。"

潜能是我们的宝贵财富，它就像深埋在地底下的金矿等待着被挖掘。生活一帆风顺时，我们可能无法感知到它的存在，就像以前我们总是对自己的长处和闪光点视而不见一样。经历重大变故，被逼到退无可退的境地时，我们才能走出舒适区，发现自己的创造力和才能，并取得惊人的成就。然而对大多数人而言，生活波澜不惊是常态，背水一战的时刻不常出现，那么在这种情形下，如何发现自己的优势，进而激发潜能呢？

首先，改变一成不变的原有习惯，突破藩篱，发现未知的自己。一些生活习惯可能会限制人的思维和创造力，使人们沉溺于舒适的麻木之中。要想改变这种状态，必须勇于挑战自己，从一点一滴做起。其次，要保持强烈的好奇心。在好奇心的驱动下，积极探索未知事物，关注一些不同寻常的事情，以便发现更多的可能性。再次，要发展自己的长项和爱好，使之转化成职业。把兴趣和工作完美结合起来，争取在自己擅长的领域有所造诣。最后，尝试去做自己没有勇气从事的事情。在大胆的冒险和试探性摸索中，找到适合自己的发展方向。

HARVARD PSYCHOLOGY

哈佛第六课

悦纳自我——遵从天性，建立良好的自我意识

无条件地爱自己

爱自己，是终身浪漫的开始。

——王尔德

哈佛大学教授认为，一个人不爱自己，就没有能力爱他人。人拥有自爱的能力，才能富有同情心，发自内心地爱别人。人际交往的黄金法则在于，像爱自己一样爱邻居，但爱邻居的前提是爱自己。一个人对待他人的态度在某种程度上反映了他对待自己的态度。

学会爱人的先决条件是：无条件地爱自己，无条件地认可自己存在的价值。也许你会疑惑：我没有任何可爱之处，又有那么多的缺点和不足，怎么无条件地接纳自己，无条件地爱自己呢？如果我接纳了一个满身缺点的自己，会不会从此不求上进，离成功越来越远了呢？这种担心完全是多余的。自我鞭策和爱自己并不冲突。只有爱自己，你才能更好地激励自己。如果你很讨厌自己，经常批评自己、指责自己，心情会分外沮丧，反而不利于进步。观察一下你身边的魅力人士，你会发现他们未必美丽、富足、成功，但是却惹人喜爱，这是为什么呢？是因为他们无条件爱自己，浑身散发着自信的光芒，举手投足间自然流露出一种风度。这样的人最迷人，也最值得别人去爱。

有一个朋友问米娅："你爱自己吗？"米娅愣住了，她从未思考过这个问题，支吾了半天，才口是心非地说："爱！"她声音很低，明显底气不足，事后她进行了反思，觉得也许在内心深处她并不爱自己。她讨厌自己的样子，不喜欢自己那张"马脸"，不喜欢自己的薄嘴唇，更不喜欢自己那双无神的细长眼睛。全身上下，没有一个部位让她满意。她对自己的衣着也不满意，所有的衣服都太老式了，一点儿也不时髦，更糟糕的是自己的身上有股难闻的酸奶味，为此她没少受同龄人嘲笑。

作为农场主的女儿，米娅感到迷失，觉得自己不漂亮，不可爱，土气无趣，没有一点儿可取之处。同龄的女孩多美呀，身材高挑、脸蛋迷人、穿着优雅，个个装扮得像公主。为什么自己就那么笨拙和丑陋呢？每次照镜子，米娅都想哭，她责怪老天不公平，让别的女孩美貌、富有，却让自己如此卑微。

长大后，米娅仍然十分自卑，总在想方设法弥补自己的不足。她穿上了高跟鞋，身材显得苗条了一些，戴上了假睫毛，让眼睛更灵动更有神了，换上了当下最流行的淑女装。人们都觉得她漂亮，可她并不这样认为。每天早上照镜子的时候，她都忍不住对自己说："你真丑啊，一切都是假象。"由于经常咒骂自己，她变得富有攻击性，动辄跟人吵架，要么嘲笑别人的大鼻子，要么嘲笑别人的眼袋，说话无比刻薄，为此得罪了不少人。

后来米娅越来越抑郁，不得不求助于心理医生。心理医生告诉她，必须学会爱自己。米娅觉得这很难，但还是照做了。她接纳了自己，不再对自己苛求，不再自我折磨，心里的戾气消失了，对待他人也变得友善了。人们都觉得她是个甜美可爱的姑娘，值得被人疼爱。

爱自己是不需要任何附加条件的，你可以没有惊世容颜，没有社会地位，没有傲人的成就，各方面都平平无奇，但这并不意味着你没有价值。即使你一无所有、两手空空，身上有许多明显的缺点，但你仍然有自己的价值。在这个世界上，每个人都是独一无二的存在，每个人都是宝贵的，所以不要再批判自己，要学会拥抱自己，悦纳自我。不要总认为自己不够好，不要过分苛责。

你不是一件空空如也的容器，不必装进财富、光环、头衔等身外之物，你的价值在于本体本身。你不需要拥有一切，仍然是可爱的。无条件地接受自己，无论你是美是丑，是富有还是贫穷，是健全还是残缺，你就是你，全宇宙独一无二的个体，可能并不耀眼，却仍值得珍视。

没有掌声的日子，要学会孤芳自赏

一个不欣赏自己的人，是难以快乐的。

——三毛

心理学家认为，渴望获得欣赏是人类根深蒂固的本性。每个人都希望被认可、被欣赏。然而只有少数佼佼者才能获得鲜花和掌声，平凡的大众很难受到关注。人们都尊崇强者和精英，一个人在功成名就之前，是很难得到肯定的。所以籍籍无名时，想要获得外界的赞美和欣赏，几乎是不可能的事。人必须学会自我欣赏，才能找到前进的方向和动力。

美国作家海伦·凯勒重度残疾，集聋哑盲于一身，长期生活在没有声音没有色彩的黑暗世界中，但她却没有放弃自己，而是怀着自我欣赏的心态，艰难地完成了学业，考进了哈佛大学，成为一名了不起的知性女子。她对自己的态度反映了哈佛人的人生观、价值观。哈佛大学非常重视对学生健全人格的培养，提倡自由教育，致力于教导学生更好地认识自我，追求更有意义的人生。受过哈佛教育的学生非常理解自己，懂得自我欣赏，了解自己在世界中的位置。不少人立志改变世界。

当然，哈佛大学所提倡的自我欣赏，并不是自欺欺人式的自我陶醉，也不是唯我独尊式的自负，更不是抱残守缺、故步自封，而是指欣赏自己的独特之处，相信自己具备无可替代的价值，相信“天生我材必有用”，即使失意潦倒，仍然秉持信念勇往直前。

有个叫亨利的年轻人，三十岁了仍一事无成。他万分沮丧，认为自己没有资格活下去。他之所以如此绝望，是因为他身世凄惨。他从小在收容所长大，不曾得到过关爱。由于营养匮乏，又没受过良好的教育，身材无比矮小，举止笨拙生硬，说话还带着浓重的乡下口音。在同龄人中他实在不算出众，为此他非常瞧不起自己，经常在心里骂自己是没用的人。由于缺乏自信，他没有勇气去应聘，所以连一份普通的工作都找不到。

绝望之余，亨利打算投河自杀，结束自己卑微的生命。就在他步入生死边缘时，和他一块长大的好友约翰忽然跑过来说：“告诉你一个天大的好消息。拿破仑正在寻找流落在民间的孙子，你的相貌和广播里描述的丝毫不差。”亨利简直不敢相信自己的耳朵：“你是说我是拿破仑的孙子？”想着自己有那么一个身材矮小但却战功赫赫的爷爷，亨利激动万分，他不再因为身材矮小而自卑，也不再计较自己的乡下口音了，开始尝试着欣赏自己，忽然觉得个矮也是一种优势，至少能跟高贵的祖先扯上关系，乡下口音则透露着尊贵与威严。

第二天，亨利信心满满地捧着简历到一家大公司应聘工作。他被录取了。经过几十年的奋斗打拼，他成了那家大公司的总裁。其实他早已知道自己并不是拿破仑的孙子，不过对他而言，真相已经不重要了。当有人问他："成功最重要的条件是什么？"他回答说："我认为，欣赏自己，超脱自卑，是成功最重要的前提。"

每个人都有属于自己的路，只有学会欣赏自己，才能找到自己心目中的罗马。在负重前行的道路上，无论历经多少艰辛坎坷，感到多么孤独，都不要放弃。即使没有喝彩，你也能抵达终点。即使不成功也没有关系，只要心怀希望，沿途处处都是风景，成长从来就是一场孤独的朝圣，孤立无援是一种常态，所以不要抱怨没有人欣赏你，你的优秀无须向任何人证明。

如果你在自己身上暂时找不到可欣赏、可赞美之处，不妨跳出自我的局限，用更高的维度来审视自己，重新更正对自己的评价。从今天开始，学会用欣赏的眼光看待自己，你会发现自己的一颦一笑都很动人，所走过的每一步都有纪念意义，你努力的样子尤为可爱，失败时坚强的背影依然是最美好的风景。学会欣赏自己，你眼中的世界将大不相同，未来的日子将变得闪亮而美好。

做自己最好的朋友

请尽量相信，每一个有坏处的人都有他值得人同情和原谅的地方。一个人的过错，常常并不是他一个人造成的。

——罗兰

心理学家认为，人天生就有自毁倾向。所以每个人都有自我责难的时候。当自己经历了挫败，不仅不能自我支持，反而会责怪自己太笨太蠢、无可救药，甚至发动很多恶毒的攻击。正是由于这种倾向，许多人陷入了抑郁无法自拔。聪明绝顶的哈佛学子、温文尔雅的哈佛教授也会犯下类似的错误，所以校园内抑郁症患者的数量一直居高不下。好在哈佛大学比较重视师生的心理健康，开设了许多心理学课程，致力于帮助大家解决心理问题，提高自我认知水平。无数师生为此受益，不仅消除了自我认同障碍，而且获得了幸福感，过上了轻松愉悦的美好生活。

心理学研究表明，导致你情绪恶劣的不是事件本身，而是你对自己的否定、怀疑和诋毁，有时候打倒你的不是灾难性后果，而是你自己。人最大的敌人就是自己。与自己为敌，全世界都会与你为敌，让你处处碰壁，常常碰一鼻子灰。人要学会接纳自己，做自己的好朋友，才能从自毁和自怨自艾的糟糕状态中解脱出来。

也许你习惯了做自己的敌人，不知道如何与自己化敌为友，那么不妨把自己想象成别人，运用同理心感受发生在自己身上的苦难，进而改变对自己的态度。试想一下，如果你的好友面试失败或者事业发展不顺，你会怎么做？你会嘲笑他（她）、谩骂他（她），还是会安慰他（她）、鼓励他（她），表现得宽容和善解人意。如果你选择后者，那么就请用同样的态度对待自己吧。

阿曼达最近很失落，她在一次裁员风暴中被裁掉了，失去了工作。为此，她天天黯然神伤，眼神里失去了往日的光彩。朋友很担心，希望她能把所有的不愉快发泄出来。阿曼达伤心地说："我早该料到自己会被裁掉，我真蠢，竟然幻想着能保住工作。我那么肥胖，还有龅牙，每天顶着乱蓬蓬的鸡窝头，实在有损于企业形象，根本不适合做前台。老板裁掉我是明智的，我早该被裁掉。"

朋友听后大吃一惊："你怎么能那么贬低自己呢？"阿曼达说："我说的都是事实啊。"朋友说："我也肥胖，牙齿也不整齐，发型也不美，在经济不景气的今天，随时都有可能失业，你会用同样的话攻击我吗？”阿曼达马上解释说：“当然不会。你是我最好的朋友，无论发生什么事，我都不会那么说你。”朋友说：“以后别再那样说自己了。没有人受得了如此恶毒的攻击。你要学会善待自己，把自己当成最好的朋友。”阿曼达被说服了，感激地对朋友说：“谢谢你，你帮助我解开了一个心结，不愧是我最好的朋友。”朋友调皮地笑笑说：“别忘了，你最好的朋友是你自己。”

比起建立自尊，人们更需要学会自我同情。无论发生了什么，责怪自己都是于事无补的。给自己乱贴标签，无休止地自我攻击，并不能减轻失败的痛楚。与其诋毁自己、打击自己，还不如友善地对待自己，无条件地支持和鼓励自己。自毁是一种愚蠢的选择，而自我同情才有利于创伤的修复，如果不想永远沉湎于消极情绪，不妨尝试自我同情，好好和自己相处。

每天找出一段独处时光和自己交谈。像老朋友那样跟自己推心置腹聊天，摒弃一切带有强烈感情色彩的字眼，采用柔和友善的语言跟自己沟通，问问自己感觉如何，为什么感觉糟糕？想要成为什么样的人？怎么去改变？学会给自己打气，学会自我激励，慢慢走出郁闷的心境。

和自己做朋友，必须学会享受独处，但这并不意味着要中止所有的社交活动。人在遭受挫折时，容易走向自我封闭。封闭自己更有可能抑郁。所以伤心难过时，依然要从朋友、亲人那里获得情感支持，除此之外，还要学会自我支持。自己激励自己，告别阴霾，拥抱欢乐和光明。

野百合也有春天，每个人都有自己的闪光点

梅花优于香，桃花优于色。

——民间谚语

挪威探险家南森说："人最重要的是发现自我，因此，你必须要对自己多些探索。"的确，野百合也有春天，每个人都有自己的闪光点。你不知道自己超乎常人的一面，只是因为尚未发现而已。许多人认为，天赋、灵感、超常智慧只有上帝的宠儿才具备，多数人都注定平庸。其实不是这样，每个人在先天上都有自己的独到优势，人人皆有天赋，由于没有得到悉心培养，人的天赋、灵感才渐渐枯萎，才成了千人一面的庸庸大众。

比起一般学子的内敛拘谨，哈佛大学的学生显得极为活跃，他们喜欢发问，敢于在公众场合表达自己，不怕犯错误。两者的区别在于，哈佛学子善于从自己身上发现天赋和优势，从不妄自菲薄，表现得更自信。而其他学子生怕自己说错话，暴露自身的浅薄无知，不相信自己的学识和能力，更不相信自己有不可多得的天赋，自然不敢发声。事实上，每个人都有可取之处，每个人身上都有亮点，一无是处的人是不存在的，就像十全十美的人根本就不存在一样。要学会发现自己的独特之美，为自己的与众不同骄傲。

托马斯自公司倒闭后，没找到工作，沦为待业青年。为了消磨漫漫时光，他学会了钓鱼，每天早出晚归垂钓，渡过了整整五年的时光。垂钓必须有耐心，有时候半天都钓不上一条鱼，非常无聊，百无

聊赖之际，他尝试着拉小提琴。小提琴已经多年不练了，上面布满了岁月的灰尘，如果不是因为等待鱼儿上钩，他恐怕这辈子都不会让家里尘封多年的小提琴重见天日。摸到琴弦的刹那，他尤为激动。虽然琴技已生疏，好在基本功不错，拉着拉着，就找到了当年的感觉。悠扬的琴声吸引了很多路人，他亦陶醉其中，忘记了时间、空间和周遭的一切。

许多年过去了。托马斯已步入了不惑之年。有一天，朋友关切地问起了他的近况。他说："我早过了血气方刚的年龄，没技术没特长，谁会聘用我呢？"朋友说："你的小提琴拉得很好啊，你为什么不办个培训机构，教学生拉小提琴呢？你身上还是有亮点的，只是你自己不知道而已。"真是一语惊醒梦中人，托马斯忽然找到了人生方向，马上办了一家小提琴培训班。他的琴技很精湛，很快获得了学员的认可。学生队伍越扩越大。在他的精心辅导下，学员们都取得了不俗的成绩，不少人考进了音乐学院，还有人在国际大赛上获得了名次。托马斯渐渐名声大噪，事业如日中天。

发现自己的亮点，才能少走弯路，找到成功的捷径。与其和别人千军万马挤独木桥，不如根据自身的特点，独辟蹊径，找到更适合自己的发展道路。如果你一时发掘不了自己的闪光点，不妨回忆一下过去的事件，盘点取得的成就，评估自己擅长的领域和具备的技能，它不必是你取得过什么惊天动地的成就，也不必一鸣惊人，只要在工作中做出了成果或在某个活动中展露了才华，都可以考虑在内。

如果你实在找不到自己的长项，不妨听听别人的意见。有时候当局者迷旁观者清。当你不能正确评价自己时，别人的评价可作为重要参考依据。询问父母、伴侣和好朋友，你身上最大的优点是什么，听听他们的意见，或许你会茅塞顿开。

你还可以考虑运用科学的测评工具评估自己的优势和才能，据此作出适合自己的职业规划。还要倾听自己内心真实的想法。想想自己的性格、喜好以及各方面条件更适合哪个领域。分析一下你的优势和弱点是什么，如何发展自己的长处？如何才能在自己擅长的领域有所建树？然后厘清思路，科学地规划未来。

接纳白璧微瑕的自我

在日常生活中，我们往往由于自身的缺点而不是优点才招人喜欢。

——拉罗什富科

哈佛大学心理系毕业生娜塔莉·波特曼曾经回母校发表了长达20分钟的演讲，呼吁人们勇于接受自己的瑕疵，活出与众不同的自我。她认为无知和缺乏经验并不是什么坏事，它们都是自己独一无二的财富。

每个人都是上帝咬过的苹果，人人皆有缺点，哈佛精英也不例外。所不同的是，他们能正视自己的缺点，不以缺点为耻，而是把它当成一笔无形的人生财富。其实上帝是公平的，他在无情剥夺你的某些东西时，会在另一方面给予你慷慨馈赠。譬如大音乐家贝多芬由于失聪，所以他对音乐变得更敏感，创作出了雄浑悲壮、荡气回肠的《第九交响曲》，小提琴家帕格尼尼声带损坏，成了哑巴，他却能拉出只有魔鬼才能演奏的悠扬乐曲。瑕疵并没有毁掉他们，反而让他们成为人类历史上不朽的丰碑。

人有缺点，就好比白璧微瑕，是不可避免的事。所以不要怨恨，不要逃避，要坦然接受。如果你不能容忍自己的瑕疵，沉湎于自我怨恨，就会让创口无休止溃烂，影响自己的整个人生。不必太介意自己的短板，有时候缺陷和短板会让你更有辨识度，让你获得更多的机遇。

在好莱坞电影《阿甘正传》中，智商只有75分的阿甘从小备受欺侮和嘲笑。人们都认为他是个不可雕琢的朽木，可妈妈并未放弃他，常常鼓励他要自强。在妈妈的教诲和鼓舞下，阿甘养成了乐天的性格，没有自暴自弃。他坦然接受了自己智力上的缺陷，勇敢地追求自己想要的生活。

在校车上，阿甘邂逅了美丽的女孩珍妮，两人陷入了爱河。有一天他被同学欺负，珍妮看见了，叫他快跑。他拖着装有矫正架的僵硬双腿一路飞奔，把坏孩子远远甩在了身后。正是这段经历，让他认知到了自己的长跑天赋。凭借着这项天赋，阿甘受到体育名校的青睐，成功进入了大学，后来还成了备受瞩目的橄榄球巨星，并受到时任总统肯尼迪的接见。毕业后，他去了越南战场，因为跑步飞快，无数次成功躲避凶险，还救下了很多战友，他成为英雄。他的一位战友在牺牲前，说出了最后的遗愿，想成为捕虾船长。回国后，阿甘为了给战友圆梦，创办了捕虾公司，并将公司一半的股份给了战友的母亲。

后来，阿甘以长跑健将、越战英雄、知名企业家等多重身份，见证了美国风云激荡的历史，并影响了美国历史的走向。无论取得多么巨大的成就，他都始终坚持初心，一如既往地坚持长跑，一如既往地爱着珍妮。在很久之后，他回到了家乡，见到了身患不治之症的珍妮。他陪珍妮渡过了人生中最后的时光。最后珍妮走了，给他留下了一个儿子。他以父亲的身份送儿子上校车，开始回忆自己戏剧般的一生。

一个真实的人，必然既有优点，也有缺点。有时候你引以为傲的优势，未必能助你脱颖而出，而你耿耿于怀的劣势在某些情况下，反而使你大放异彩，让你变成一个特别的人。缺点就好比美人芳唇边的黑痣，没有了这颗黑痣的点缀，美人可能就泯然众人矣，正是因为黑痣的存在，美人才被世人所铭记，成为独一无二的存在。

任何一个有辨识度的人都是有缺点的人，而那些缺点不明显、优点也不明显的人，往往会被瞬间遗忘，得到的机会是非常有限的。事实证明，缺点有时候确实能转化成人生的财富。因为它使你有了自己的标识，有了不同于常人的特点。因为它的存在，你有了辨识度，即便没有惊世骇俗的容颜，没有鹤立鸡群的风姿，没有技压群雄的本领，没有聪明绝顶的大脑，仍然给别人留下了独一无二的印象，从而增加了脱颖而出的概率。

你永远比你想象中优秀

一个人，只有在实践中运用能力，才能知道自己的能力。

——塞涅卡

哈佛大学罗森塔尔教授在美国加州的学校开展了一项著名实验。他告诉校方有一种能识别人才的仪器，可帮助学校挑选出最优秀的老师和学生，并能从这批优秀的师生中找到将来能出人头地的精英。他先遴选了几名教师，又从各班级选出了一些学生，组成新的班级。每位学生和老师都被告知，他们是最优秀的，最聪明的，千里挑一，不可多得。一年后，这个班级成了全校的楷模，老师表现出色、学生成绩优异，每个人都不负众望。这时罗森塔尔教授忽然宣布预测未来的仪器并不存在，特别班级的老师和同学全都是随机抽取的，他们与普通人并无二致。人们为之愕然。

这个实验告诉我们，智力、天赋平平的人也可以成为优秀人才。你认为自己优秀，就会按照高标准严格要求自己，事事力争上游，逐渐成为自己想要的样子。很多时候，人们的才能被埋没，在很大程度上是因为不知道自己有多优秀，始终甘于平庸。人生中的诸多遗憾都是因为对自己缺乏信心造成的。有的人面对唾手可得的晋升机会，迟迟不敢抓取，总是怀疑自己的能力，事后后悔不迭；有的人害怕被拒绝，不敢向心仪的对象表白；有的人得到了千载难逢的机遇，踌躇不决，以致错失良机。不去尝试，根本不知道自己有多优秀，长期低估自己，是很难突破生命的局限，走向辉煌的顶点的。给自己一次机会，在历练中成长，你的人生将成为另一番模样。

有一家公司带着一批对设计一窍不通的年轻人到地产公司设计家居，本以为年轻人会拒绝，毕竟他们大学学的不是设计专业，没有任何相关工作经验，完全零基础，很难做出高水平的设计方案。但事实恰恰相反，公司居然收到了 800 多份报名表单，最后有 700 多人参加了设计大赛，共诞生了 134 份成熟产品。这场大赛持续了三个月，开展得如火如荼。参赛者热情高涨，似乎没有意识到自己正在做一件不靠谱的事。主办方很想知道他们的真实想法，有一次和一名参赛者交谈，对方坦言自己并非出自设计专业，脑海里没有什么新奇的想法和创意，并不指望能超过专业人士，但却很想试试看，不想错过这次机会。

主办方的工作人员后来去德国创新企业考察，发现德国企业致力于制造一些新颖实用的东西，新兴领域发展态势良好。许多创新工作是前人从未做过的，没有任何经验可参考，相关知识一片空白，人们并不知道自己是否有能力成为该领域的开拓者，但仍然大胆尝试。而一些实用的产品，都是用最传统的方式生产出来的，难免落入窠臼，只有经过多年的摸索，才能有所突破，成为行业中的领跑者。德国人做事始终秉持一个态度，那就是不会因为怀疑自己的能力而徘徊不前，敢想敢做敢尝试，永远相信自己比看上去要优秀。那批非设计专业的参赛者又何尝不是如此呢？

没有人可以预测你的未来，不要因为今天平庸就轻易否定自己。每个人都有渺小无力的时候，任何人都有落败的时候，不能因为一时不得志就看轻自己。你永远比你想象中要优秀，任何时候都不要拿自己的短处比他人的长处，更不要盲目效仿别人。

人在出头人地之前，不容易找到自信，普遍对自己的能力和品质评价偏低，不相信自己将来能有所作为，习惯了在别人的光环下自惭形秽，习惯了默默无闻，找不到成就感。这是因为太过看重外界的评价，不能正确认识自己。世界上没有任何生命是卑微的，一个人无论成败荣辱都不应该被鄙视。人人都有成就自我的权利和机会。只要奋力去做了，无论成功与否，人生就不再有遗憾。人生一世，花火一瞬，不能浑浑噩噩渡过，不能坐守平庸，哪怕只有百分之一的机会，也要尽力争取，争取超常发挥，成为更优秀的自己。

让兴趣做你的人生导师

兴趣是最好的老师。

——爱因斯坦

哈佛商学院克里斯坦桑教授曾经说过："如果你能找到一份喜爱的工作，就会觉得这一生没有一天在工作。"简简单单一句话，巧妙平衡了兴趣与工作的关系。现实生活中，很多人抱怨工作辛苦，每天加班加点劳动，没有时间做自己喜欢的事情，迫切渴望实现财务自由，一辈子不用工作。然而事与愿违，大多数人都愁眉苦脸地从事着自己讨厌的工作，扮演着失败者的角色。对此，哈佛大学教授指出，不妨从事自己最感兴趣的工作，把每一天的工作当作乐趣，这样工作就不再是沉重的负担了。

兴趣是最好的人生导师，在兴趣的指引下，人的创造力将得到最大限度的发挥。被誉为犹太人的哈佛的布兰斯大学为正视这个说法，做过这样一项实验：让两组人员制作拼贴画，并为自己的作品编一些有趣的故事。研究员告诉其中的一组成员，只要他们做得好，就能得到一笔丰厚的奖励，对另外一组成员则什么都没有说。结果第一组成员制作的作品粗糙不堪，毫无创意，而第二组成员的画作想象力丰富，非常有新意。研究人员由此认为，为了获得奖励被动接受委派工作，表现往往差强人意，而纯粹出于个人兴趣努力工作的人，表现得更好，也更具创造力。可见，从事自己感兴趣的工作，才更容易走向成功。

伊科诺姆出生在希腊的克里特岛，从小就对大海和贝壳很感兴趣。他经常到海边拾捡贝壳。有一天，有几位在沙滩上晒太阳的女游客一边欣赏美丽的海景，一边发出了银铃般悦耳的笑声。伊科诺姆被笑声深深吸引，很想弄明白她们在说什么。女游客向他打招呼，他听不懂，友好地送上了几只漂亮的贝壳，他得到了一美元的报酬。他欣喜万分，从此对外语产生了浓厚的兴趣。通过模仿和观察，渐渐掌握了一些复杂的外国话。

有一次，伊科诺姆捧着一本外文书到海滩捡贝壳，愉快地渡过了一整天。因为读书读得入迷，没有涂防晒油，皮肤被严重灼伤，晚上痛得睡不着。母亲十分心疼，忍不住抱怨了一番。伊科诺姆赌气说以后再也不去海滩了。母亲语重心长地说："既然你对学外语感兴趣，就应该坚持下来。"得到母亲的鼓励，伊科诺姆从此更加发奋学习。高中时，他已掌握了意大利、英语两门语言，长大后又学会了土耳其语。因为精通多门外语，他被聘请为欧洲议会的翻译。欧洲国家元首的重要讲话，都是由他来翻译的。他不仅能翻译欧洲各国的语言，还能熟练地翻译中文，掌握的语言已经达到了42种，与最出色的语言学家相比几乎不分伯仲。记者向他讨教成功秘诀时，他总是不厌其烦地提起儿时捡贝壳的经历，然后郑重其事地说："我坚持做自己感兴趣的事情，所以一路走到了今天。"

工作对于不同的人具有不同的意义，有的人把它当成谋生工具；有的人把它当成获取名利、金钱的砝码；有的人把它当成自我实现的充分必要条件。少有人是因为热爱工作才去工作的。正是因为人们没有遵从内心的需求，生活才变得痛苦和无趣。哈佛人的独特之处在于，他们非常在乎自己的内心感受，不会为了现实的目的委屈自己，大部分人都会从事自己热爱的工作，并在自己擅长的领域取得卓越的成就。这和哈佛大学的教育是分不开的。

哈佛大学在培养学生时，培养的不是精致的功利主义者，而是遵从自己选择的人才。开学的第一个星期，学生们可随意听课，如果发现对某堂课提不起兴趣，可以自行放弃，对于感兴趣的课程可留下来旁听。通过这种特色教学方式，哈佛培养出了一大批多才多艺的高精尖人才，为社会各界提供了人才储备。哈佛人的成才模式告诉我们：一个人能取得多大的成就，在未来的道路上能走多远，取决于他（她）是否能发展自己的兴趣，并在自己热爱的领域做出不平凡的成绩。

打破完美主义魔咒

既然太阳上也有黑子，人世间的事情就更不可能没有缺陷。

——车尔尼雪夫斯基

有位教授陶瓷制作的老师把学生分成了两组，一组按照作品数量打分，另外一组按照作品质量打分。第一组学生，作品重量超过25公斤即被评为A，超过20公斤就被评为B。第二组学生只需提交一份完美的作品即可，作品无可挑剔才能获得A。实验的结果让人吃惊，优秀的作品全部来自第一组。第二组学生什么也没做，摆在他们前面的仍然是一堆不成型的黏土。

这是怎么回事呢？哈佛大学开设的幸福课上，对刻意追求完美的后果做出了推理。哈佛大学教授认为，一个人有完美主义倾向，就会吹毛求疵，接受不了失败，导致工作停滞不前。大部分完美主义者有非黑即白的思维，认为任何事物要么绝对完美，要么一无是处。自己有一点不完美，就无法自我接受，为了追求安全感，就会陷入固定不变的模式，丧失了进步的空间。也就是说，越是追求完美，越难取得进步，反而离完美渐行渐远。

事实上，完美只存在于人类的幻想中，世界上根本没有完美的事物和完美的人，一切对完美的追求都是虚妄。完美主义者都是不切实际的幻想家，且带有严重的强迫倾向，容易产生自我认同障碍。高标准的要求不仅不能使自己的技艺精益求精，让自己的技术达到炉火纯青、登峰造极的地步，还有可能导致自我迷失，丧失做事的动力和乐趣，从而沦为失败的可怜虫。

杰瑞的父母都是完美主义者，他们希望他能拥有完美的一生。由于受到家庭环境的影响，杰瑞对自己要求很高。上学时要求每门功课必须得A，容忍不了任何失误。为了达到这个标准，他每天起早贪黑学习，终于考上了一所名校。名校汇集了全国最出色的学生，想要脱颖而出并不容易，然而他却要求自己必须考第一。结果第一次舔尝了失败的滋味。他的成绩虽然名列前茅，但和第一名相比还是有一段距离，这让他很难接受。

四年之后，杰瑞步入了社会。他希望自己能进入大企业工作，成为公司的中流砥柱。这个目标很不现实。他投放了上百份简历，几乎所有简历都如泥牛入海，从此再无回音。同学奉劝他改变不切实际的想法，先从基层做起。杰瑞拒不接受，他振振有词地说：“我必须找到一份有发展前景的工作，必须担当大任，被当作优秀人才来培养，必须年薪丰厚，在市中心最高档的写字楼上班，必须让所有人认为我的人生是完美的，没有一丁点儿的遗憾。”同学不屑地说：“照这样下去，你永远都找不到工作，更不可能拥有完美的人生。”杰瑞不加理会，继续海量投放简历。结果他的简历仍然无人问津。在沉寂了一年多之后，杰瑞被迫调整策略，进入一家效益不错的公司做技术员。

最初，杰瑞对新工作挺满意。但过了半年之后，他又开始焦虑。他认为这份工作并不是理想的完美工作。他想成为一名高管。为了达成心愿，他披星戴月地工作，牺牲了所有娱乐的时间，辛辛苦苦干了两年，才好不容易得到了提拔。然而坐上高管的交椅，他仍然认为自己的人生不完美，觉得必须成为合伙人，拥有大量股票，在商界呼风唤雨，并有名媛太太陪同，才算功成名就。为了完成这个目标，他奋斗了20年，由风华正茂的青年变成了头发斑白的老者，精力越来越不济。董事会觉得他的经营理念落伍了，提前让他退休了。后来他娶了一个中年妇女，在乡下买了房子，过上了平凡的生活。每天在庭院里纳凉时，他总要慨叹一句：“人生为什么总是那么不完美？”

人常说期待越高，失望越大，对自身抱有超乎寻常的期待，就会陷入无休止的失望。执迷于完美主义，是人类精神痛苦的根源。只有打破完美主义魔咒，拥抱自己的不完美，才能克服各种心理障碍，活出不一样的自我。

卸下面具，勇敢面对真实的自己

有勇气做真正的自己，单独屹立，不要想做别人。

——林语堂

奥普拉·温弗瑞在哈佛大学演讲时说：“人生唯一的目标就是

做真实的自己。”这句话非常契合哈佛大学的教育理念，哈佛大学的校训即为追求真理，真、善、美三者永远把“真”排在第一位。

事实证明，只有做自己，不被金钱、利益挟持，才能拥有简单的快乐。这种简单至极的道理，人们为什么不能彻悟呢？原因在于，环境逼迫人们戴上面具生存，人们为了适应环境，过上更好的生活，不得不戴上各种功能性的面具，然后用这些面具，换取关注、实惠、赞赏和安全感。随波逐流的人确实获得了种种好处，但是因为背离了自己，内心冲突剧烈，精神上会很痛苦。消除精神痛苦唯一的良药就是卸下面具，勇敢做真实的自己，学会独善其身，除此之外，别无他法。

安娜是个职场新人，由于缺乏工作经验，不知道如何处理人际关系，她每天都战战兢兢。秉着少树敌多交友的原则，她处处讨好逢迎，花了不少时间琢磨同事的喜好，每天笑脸相迎。无论高兴还是不高兴，她都始终笑眯眯的，笑容仿佛长在脸上一样。有时候心在哭泣，脸上仍然挂着甜美的微笑。

安娜的嘴巴很甜，见到不同的人会说不同的话，总能说得别人心花怒放。然而大部分话都是言不由衷的。比如见到注重身材样貌的露西亚，她总是故作惊喜地说：“亲爱的，你最近好像是瘦了，身材变苗条了，能把减肥秘诀传授给我吗？”然而心里却在说，这个可恶的肥女人，不仅面目可憎，还一副刻薄相，居然毫无负担地踩着尖细的高跟鞋走路，也不怕摔跤。见到主管，她会假惺惺地说：“我喜欢你的领带。”脑海里想的却是，就知道颐指气使压榨下属，简直是变态狂，即便扎最贵的领带，打扮得衣冠楚楚，也终归是跳梁小丑。见到老板时，她不仅小心翼翼，而且还得嘴巴抹蜜，几乎把世上所有的溢美之词都用在老板身上了，但心里却对这位财大气粗的土财主很不屑。

由于经常说假话，每天都要戴着面具生活，安娜很不快乐。有时候她觉得自己活得很分裂，有时又觉得自己很虚伪，她不想这样生活，又苦于没有出路，心情无比糟糕。在工作了大半年之后，她终于撑不住了，果断辞掉了工作，开始着手考研，她希望学术界能给她一次做自己的机会。

一位哲人说："戴上面具失去自己，摘下面具失去世界。"摘下面具的确要付出一些代价，但不可能那么夸张。一个人失去自我才是最大的悲哀。面具戴久了，就会深深嵌入人的容颜，成为自己生命中的一部分，天长日久，心灵和人格都将受到玷污。没有人真心喜欢口是心非、表里不一的自己，同理，没有人真心喜欢戴面具，佩戴面具要么是因为身不由己，要么是因为过于世俗功利，内心深处，其实都渴望卸掉面具。毕竟面具使人身心疲惫。然而摘掉面具需要十足的勇气，只有勇敢的人才能做出如此大胆的尝试。

其实只要你舍得让渡一些利益，不在乎别人的想法、看法，摘掉面具并没有那么难。勇敢地做自己，不要在乎世俗的评判，不要介意别人怎么看怎么想。喜欢你的人仍然会喜欢你，讨厌你的人即使你倾其所有去讨好，他仍然对你不屑一顾。所以与其戴着面具逢迎所有人，还不如真实自然地活，不难为自己，也不勉强别人，一切顺其自然，潇潇洒洒度过一生。

HARVARD PSYCHOLOGY

哈佛第七课

内心和谐之道——消除冲突，找回内心的平静

和自己握手言和

只有勇敢的人才懂得如何宽容，懦夫绝不会宽容，这不是他的本性。

——斯特恩

《哈佛商业评论》有一篇文章说，如果做出了错误的决策，要学会原谅自己。做错事之后最重要的是采取补救措施，而不是自我惩罚。乐观地想，一个错误的决定不至于带来致命的影响，亡羊补牢为时未晚。日后要充分吸取教训，避免犯同样的错误，预防类似的情况发生。这个建议非常中肯，然而在现实生活中，人们却很难做到。

每个人都会犯错误，别人做错事，人们选择宽容，自己犯错，却无法原谅。有些人永远都不愿原谅自己，甚至鄙视自己、憎恨自己，不给自己任何补救的机会。因为一个错误，不惜一辈子背着沉重的枷锁去活，一辈子自我折磨。这种做法显然是不明智的。正所谓“往事不可谏，来者犹可追”，为打翻的牛奶哭泣不可能挽回一滴。大错已经犯下，无论多么耿耿于怀，都不可能改变什么，自我痛恨并不能让自己洗心革面。只有与自己握手言和，尽最大努力去弥补过失，才能将消极影响降到最低，让内心获得真正的安宁。

安妮婚后生了一对双胞胎。两个女儿白白胖胖非常可爱。全家人都很欢喜。安妮一个人照顾两个孩子很吃力，于是请了一个保姆。保姆照顾小女儿，她自己照顾大女儿。孩子们满月的那天，大女儿不知什么原因哭闹个不停，吵得安妮睡不着。她唱了很久的摇篮曲，费尽心力安抚才把孩子哄睡。孩子睡着后，她的眼皮也合上了，沉沉地进入了梦乡。可能是太过疲惫的缘故，她睡得十分香甜，直到天亮才醒来。

睁开眼的一刹那，安妮看到了没了呼吸的女儿，她惊慌失措地哭起来。原来被子蒙住了大女儿的头，大女儿在夜里便停止了呼吸。安妮觉得这都是她的失误造成的，是她害死了女儿。她认为自己是天底下最糟糕的母亲，根本不配活着。大女儿的死给安妮造成了巨大的打击，她一度精神不振，若不是为了把小女儿抚养长大，她早就自杀了。

出于赎罪心理，安妮给了小女儿双倍的宠爱，几乎对小女儿有求必应。由于溺爱过度，小女儿变成了一个娇气、霸道、自私的人，不仅学业不好，而且经常无理取闹。看着小女儿一天天堕落，安妮深为自责，总是喃喃地说："我害死了大女儿，又毁了小女儿，我不是个称职的母亲，我根本就不配拥有女儿。"她的朋友听了这样的话，忍不住纠正道："大女儿的死是意外，不是你的错，即使你有过失，上帝也会原谅你的。请不要自责了。别再为过去的事耿耿于怀了，现在最重要的是挽救小女儿。"安妮听罢，擦干了泪水，开始尝试着与小女儿谈心。

小女儿第一次对母亲打开心扉："妈妈，你总是活在过去，总是为姐姐的死伤心。我一直认为你对我的爱，是出于对姐姐的愧疚，我只是姐姐的影子。你爱她胜过爱我，我找不到存在感。所以才那么叛逆。"安妮连忙解释说："现在在妈妈眼里，你才是最宝贵的孩子，希望你能原谅妈妈的过失。"小女儿说："我已经原谅你了，希望你也早点原谅自己吧，别再自我惩罚了，好吗？”安妮用力点了点头，留下了激动的泪水。母女俩和好如初。

每个人都要学会与自己和解。往事如烟，即便你无法释怀，也不可能更改历史。人生是一条单行线，无论你多么懊悔，都不可能穿越时空，改变历史的进程。你唯一能把握的是现在和未来。曾经的伤痛，曾经的屈辱都让它随风而逝吧。世上没有什么错误是不可饶恕的。每个人都有改过的机会。即便是罪恶累累的罪犯，刑满释放后，社会也会给他改过自新的机会。所以不要太苛责自己，学会宽恕自己吧。每个人都有自己的认知局限，每个人在特定情况下都有可能做出失误的判断，这些都是人之常情。你已经为过去的错误付出了足够的代价，就不要让它再影响未来的生活，把过去抛在身后，勇敢迈向明天吧。

放空自我，对过去的伤害一笑置之

因为每种伤害都存在于生命内部，而生命是不断自我更新的，所以每种伤害里都包含着治疗和更新的种子。

——彼得·莱文

心理学家发现，有过心理创伤的人，心理阴影将持续影响他（她）的生活。哪怕有些伤害已经被淡忘，仍然会在某种程度上影响人的心理和行为。比如在压抑环境中长大的人普遍比较敏感，情感世界很封闭，不敢轻易相信别人。受过情感伤害的人，不敢发表自己的观点，不敢追求自己的正当权利，一味忍耐和顺从，没有健全独立的人格。严重者会丧失爱人的能力，抗拒亲密关系。

有些伤害并不会随着时间的流逝自动消失，它就像一道隐形的伤疤，即便已经结痂不再流血，在某些时刻仍然还会隐隐作痛。只要遇到情境刺激，那些梦魇般的记忆就会排山倒海般地浮现出来，扰乱现在的生活。心灵的伤痛是很难治愈的，尽管心理学家研究出了许多疗愈的方法，仍然不能有效解除人们内心的困扰。哈佛大学心理学教授认为，比起消极心理学，积极心理学对人们心境的改善作用更明显。后者的作用不仅在于抚平心灵创伤，还在于增强心理引擎，使人的快乐指数从负数变为零，进而攀升为正数。积极心理学旨在让人们换一种角度、换一种思路看待心理问题，运用正念的力量化解伤害，达到疗愈的目的。当然，积极心理学并非完全无视传统心理学的内容，有时候两门学科需要结合起来，才能解决人们日常的心理问题。

精神分析师弗洛伊德曾经记载过这样一则案例：一个三十出头的女性患有鼻炎，已经闻不到任何气味。奇怪的是，每当她身心疲惫或者抑郁难抒时，总能闻到一股烧焦的布丁味，这种特殊味道显然来源于主观想象。弗洛伊德认为这位女士的反应源于某个创伤性事件，于是便问对方是不是还记得第一次闻到烧焦布丁气味的情形。

这位女士若有所思地回答说："我记得在我生日的前夕，我正给孩子们上烹饪课，收到了母亲的一封信。我迫不及待地拆开信件看，孩子们忽然夺走了信封，吵吵嚷嚷警告说：'你不能提前看，生日那天你才能看。'我忽然毫无征兆地闻到了一股焦煳的味道，以为是谁做的布丁烧焦了。从此以后，那股怪味便时不时地萦绕着我。"

随后这位女士又讲到了自己和母亲的关系以及教孩子上课的压力。她所教授的两个孩子都是母亲亡友的遗孤，她有责任照看好他们，至少母亲那样认为。她很渴望逃脱这个设定，摆脱母亲的操纵，不再承担无力承担的责任。产生这个想法之后，她颇为不安。所以那一封信便压垮了她的神经。烧焦的布丁味触发了她的心灵创伤，使她产生了应激反应。

心灵创伤的扳机点可能是某种独特的气味，某个挥之不去的图片，某种特殊声音或者其他与创伤事件相关联的东西。当时人的反应可能非常剧烈，感到无比焦虑、恐惧、愤怒，或者悲伤到无法自持的地步，这都是正常的心理现象。若想走出心理阴影，彻底放下过去，需要把压抑多年的负面感受彻底释放出来，重新叙述和解读过去的事件，从而做到完全放下。写日记是一种很好的自助方式和疗愈方式，通过写作你可以重温整个事件，充分表达你的感受，从主观和客观的多重视角审视自己的历史，从而淡化怨恨和伤害，使自己的心灵得到修复。

如果你实在放不下不愉快的事情，总是触景生情，对痛苦往事记忆犹新，无论怎么努力都无法展开新生活，那么你只好离开旧地，换一个环境生活，新的居住环境和新朋友将给你的人生带来可喜的变化。也许精彩纷呈的新生活和新体验，不仅能治愈你的创伤，还能让你收获美好的友谊，并让你产生脱胎换骨的巨大变化。千万不要低估自己的重生能力，只要你不放弃自己，尝试着对过去的伤害一笑置之，未来的每一天都是崭新的。

改变能改变的，接受不能改变的

人世间的任何境遇都有其优点和乐趣，只要我们愿意接受现实。

——华盛顿·欧文

世上很多事情都不是人为力量能掌控的，比如天灾人祸、生老病死、通货膨胀、股市的涨落以及各种不可抗力。面对厄运和不公，你必须学会坦然接受，因为所有的挣扎和不甘都意味着徒劳无功。如果你遭遇了不幸，感到万分沮丧，不必刻意掩饰，只需坦然接受，承认自己的感受。哈佛大学教授认为，感觉痛苦，恰恰证明你还活着，尚有感受力。这没有什么好丢脸的，企图压抑真实的情绪，反而会使情况恶化。拒绝接受现实，将受到更多的挫折。主动接受不可更改的事实，而不是被动屈从于现状，用心感受自己的情绪，可以更深入地了解自己，进而消解冲突，找回内心的平静和和谐。

一位哲人说："你改变不了环境，可以改变自己，改变不了天气，可以改变心情，控制不了别人，可以掌控自己。"改变能改变的，接受不能改变的，是最明智的原则。世事无常，命运变化莫测，不由任何人来掌控和选择，心平气和地接受事实，并学会适应它，是走出不幸的第一步。很多时候，抗拒会让痛苦加倍。对此卡耐基深有体会，他说："我遇到不可改变的情况，我抗拒，我不接受，结果带来的是无眠的夜晚，我把自己整得很惨，经过一年的折磨，我不得不接受我无法改变的事实。"当形势不可挽回时，就不去浪费力气抗争，接受上帝的安排，就像树木接受风霜雪雨、朝晖夕阴一样自然，方能使痛苦消解于无形，过上安然自在的生活。

从前有个富人体弱多病，长年卧于病榻。有个穷人身强力壮，正值壮年。富人希望拥有健康，穷人渴望拥有财富，他们都愿意用自己最宝贵的东西去换。两人的心愿被一名神医知道了。神医交换了他们的大脑，两人的命运发生了改变。富人失去了全部财富，换来了一副健康的身体。穷人从此腰缠万贯，变得又老又病。两个人都过上了梦寐以求的生活。

变成穷光蛋的富人因为深谙赚钱之道，又有强烈的成功欲，很快东山再起，又积累起了巨额财富。利欲熏心的生活再度透支了他的身体健康，他非常担忧，担心自己得了不治之症，每天承受着巨大的压力，身体出现了各种不适，没过多久，就又变得体弱多病。那个一夜暴富的穷人有了钱财之后，身体状况每况愈下，担心钱花不完提前离世。所以开始及时行乐，大把大把地花钱，享受一切奢华，没过多久就把家产挥霍一空，再次沦为穷光蛋。由于天天享乐，随心所欲，他过得很开心，身体渐渐好起来，结果又变回了身体强健的穷人。兜兜转转，两个人又过回了原来的生活，活成了自己最初的样子。历经种种曲折，他们终于明白了一个道理，妄图改变不可更改的现状，费尽心力折腾，最后还会回到原点。与其奋力挣扎，不如一开始就接受，坦然面对命运的安排。

接受现实不是逆来顺受，而是随意而安，是一种豁达的人生态度。如果你不想被现实打倒在地，那么必须使用柔术来对付它，任何蛮力对抗都有可能让你遭受伤筋动骨的痛苦和精神上的摧残。勇于接受现实是一种人生智慧，不仅帮你保留了元气，还能助你从伤痛中更快地恢复过来。

不要太过关注你不能改变的事情，把精力放在可改变的事情上。你不能改变你的出身、你的长相、你的身体特征和文化背景，不能改变已经发生的事情及所遭遇的种种不幸，但是你可以改变生活的态度，改善自己的健康状况，努力充实自己，让自己散发独特的魅力，做一个健康、快乐、人格健全的人。

冲出逆境，在风雨中拥抱希望

自古以来的伟人，大多是抱着不屈不挠的精神，从逆境中挣扎奋斗过来的。

——松下幸之助

美国女孩唐恩·洛金斯是一名非常特殊的哈佛学生，她收到哈佛大学的录取通知书之前，惨遭母亲、继父遗弃，一夜之间沦为无家可归的弃儿。为了筹集学费和生活费，她不得不利用业余时间给学校打扫卫生，劳累了一整天之后还得为借宿的事发愁。然而唐恩·洛金斯并没有被逆境击垮，她用乐观坚强的态度战胜了所有困厄，过上了一种全新的生活。她的故事至今仍鼓舞着无数有同样境遇的儿童和青少年。

很难让人相信，哈佛大学的天之骄子背后居然有这么一段辛酸往事。在世人眼里，哈佛学子个个头顶光环、外表光鲜，似乎天生就是精英人群，天生就该拥有优渥生活。然而事实并非如此。哈佛校园里不乏世家子弟，但也有很多生活艰辛的寒门子弟，后者既要在逆境中顽强生存，又要完成繁重的学业，非常不易，非常了不起。

最为难得的是他们没有因为艰难困苦变得偏激阴鸷，完美地保留了人性的纯真和美好。他们用自己的故事向世人说明，即使身处恶劣环境，心灵仍然可以不蒙尘，仍然有希望取得成功。

人常说环境造就人，不良经历或多或少会对人的成长产生负面影响。因此，在阴暗环境成长起来的人往往内心冲突剧烈，既向往光明，又抵御不住黑暗的诱惑。不少人在平步青云之后滑向了罪恶的深渊。哈佛学子之中不乏边缘群体，有的人身世悲凉，经历过常人无法想象的苦难，那么为什么他们没有走向堕落呢？原因很简单，他们逆境情商比较高，不仅不会被困难压垮，还会在困厄中崛起，书写属于自己的传奇。事实证明，对于逆境情商高的人来说，不幸和伤痛也能成就人，前进道路上的绊脚石也可变成垒砌成功大厦的垫脚石。

特莱艾出生在津巴布韦一个贫穷落后的小村庄，仅仅读了一年书就辍学回家了。小小年纪便要操持家务、干农活，苦闷的日子似乎永远也不会结束。她的两个哥哥都在学堂里读书，她因为是女孩的缘故不被家庭重视，早早沦为苦力。面对不公，她没有哭泣，也没有抱怨，而是选择了顽强自修。她在坑坑洼洼的大石头上写字，并幻想着将来上大学读博士，成为一个博学的人，她还把写有梦想的纸团悄悄埋在了大石旁。

每天哥哥放学回来，特莱艾便缠着他把从学校学来的东西教授给她。作为回报，她常常替哥哥写作业。后来事情被老师知道了。老师劝说特莱艾的父亲让女儿重返校园。特莱艾的父亲不为所动，不仅不让她上学，还把年仅11岁的她嫁给了一个有暴力倾向的男子。特莱艾饱受折磨，转眼成了五个孩子的母亲。她30岁那年，结识了国际救援组织的志愿者，在国际救援组织的帮助下，边工作边攻读函授课程，后来被美国俄克拉何马州立大学录取了，踏上了艰辛的留学之路。到了美国，她和丈夫、孩子全家挤在破旧的房车中度日，从垃圾桶里捡食物充饥。恶劣的生存环境，让丈夫满怀怒气。为此，她经常受到打骂。她忍受着无情的拳脚，眼巴巴地看着孩子们啼饥号寒，承受着做兼职的劳累，还要抽出时间学习。她的坚强打动了周围的人们。人们纷纷伸出援手，为其提供食物和住房补助。在好心人的帮助下，她终于完成了学业，并成为一名学识渊博的博士。

心理学研究表明，挫折和不幸虽然能异化人，但也能让人获得一些特别的优势，比如适应能力更强，更富有创造性。在压力和动荡不安中长大的孩子，通常抗挫折能力更强，且知道该如何同时处理许多错综复杂的问题，应对能力要远远强于顺境中成长起来的同龄人。挫折还有另一份馈赠，那就是教人懂得珍惜，学会感恩。饱经忧患的人通常会珍视来之不易的好生活，而且容易感到满足，得到一点善意的回馈便感动不已。所以从某种意义上说，挫折也是上帝赐予人类的礼物。

即使不被温柔对待，也要对世界报之以歌

命运再残酷，也杀不死坚强的灵魂。

——史铁生

哈佛大学教授亨利·霍夫曼说：“你是否快乐或痛苦，不完全取决于你得到了什么，更多的在于你用心感受到了什么。”哈佛大学教授戴维·克拉克说：“任何生物没有不惧怕大自然的力量的。然而，

当人的生命中充满了希望，当人生被阳光铺满，生命之旅就会变成光明的路径，再也没有什么能让你感到害怕和恐惧的了。”无论命运有多么残酷，人生有多么惨淡，只要心怀光明，就能战胜所有的暴风骤雨，活出倔强的风姿。

世界给你带来苦难和磨砺，以痛吻你，你要坦然接受苦难，并报之以歌。假如生活亏待了你，你更要加倍补偿自己，假如不被命运善待，你更要好好善待自己。世界从来不会公平地对待每一个人，有的人天生幸运，注定衣食无忧地度过一生；有的人则饱受摧残，历经疾病、失业、背叛，几番光阴流转，仍然找不到人生的方向。不被温柔对待的人有两种选择：一种是破罐子破摔，抱怨命运憎恨自己；另一种是激励自己，补偿自己。显然后一种更明智，可是人们总是不明就里地选择前者。如果把生活看作一种刁难，就会变得愤世嫉俗，富有攻击性，有时候会反伤自身。只有把生活看成一场历练，学会和世界和解，和自己和平相处，才能超越沧桑，获得内心的安宁。

简原本有个幸福的家庭，丈夫温柔体贴，孩子活泼可爱，非常让人羡慕。后来她的丈夫出了车祸，从此瘫痪在床，简成了这个家唯一的支撑。她既要照顾残废的丈夫，又要照顾尚未长大的孩子，还要上班赚钱养家，每天累得精疲力竭。那些曾羡慕她的邻居忽然都觉得她可怜，每次见面都要上前安慰几句。但她从不悲伤，脸上总是挂着灿烂的笑容。她逢人便说：“日子还不算糟糕。我丈夫虽然遭遇了车祸，但至少人还在。我的孩子虽然年幼，但他们是我的精神支柱，有这对宝贝在，再难熬的日子我都能挺过去。”

转眼两年过去了。两年来，简花了不少钱让丈夫接受康复治疗，他的身体慢慢好转了，拄着拐杖已经能走路了。两个孩子上了幼儿园，回到家里便叽叽喳喳地讲述学校的趣事，给家庭带来了不少欢笑。简的生活一天天好起来。邻居们都唏嘘不已，都在暗暗自问如果遇到同样的灾难，是否也能如此坚强乐观。多数人认为自己会埋怨上帝不公，在深夜痛哭，继而染上药物滥用或酗酒的恶习。相较之下，简真是令人敬佩啊！

如果你正经历痛苦，千万不要沉溺于痛苦，更不要在不幸的基础上折磨自己。饶过自己，善待自己，无条件呵护自己，才是最佳选择。不要浪费时间叩问命运，为什么灾难偏偏发生在你身上，别人却能安享生活，似乎永远毫发无伤。这是一个没有答案的问题。很多事件的发生都是随机的，你不能左右运气。别再纠结于毫无意义的哲学命题，好好把握自己，尽可能地让自己过得舒适、快乐。

人要学会宠溺自己，才能活得舒心。如果上苍降下疾病，让你的肉体受苦，那么你不但要治疗自己，还要健康饮食，修身养性，增强身体免疫力，最大限度地削弱痛苦。如果命运让你遭受劫难，那么你也不能自暴自弃，更不能往自己伤口上撒盐，而要学会享受生活，让每一天过得充实而富有意义。

面对厄运，要做好最坏的准备，尽最大的努力去战斗。你可以把自己训练成坚强的战士，但必须明白，人生不只有艰苦卓绝的战斗，还有很多美好温暖的事物，无论如何，都不要让自己沉湎于冰冷黑暗的绝境。要学会拥抱阳光，欣赏人间美景，乐观从容地面对生活。

倾听内心深处的声音

除真挚的心灵外，别无高贵的仪容。

——拉斯金

斯皮尔伯格曾经在哈佛大学的毕业典礼上发表过一篇著名演说，教导学生要用心倾听自己内心的声音，并让那个声音帮助自己认识和定义自我。这篇动人的演讲非常契合哈佛精神。遥想当年，哈佛肄业生比尔·盖茨在读书期间，敏锐地捕捉到了改变世界的机遇，他认真倾听自己的声音，毅然离开校园，投身到计算机研究领域，一手缔造了微软帝国。可见，只有聆听内心深处的声音，才能真正了解自己的需求，找准人生的方向。

现代人被工业文明和物质文明所塑造，孜孜以求的东西大同小异，无非就是生活的富足、社会的认可和无可匹敌的优越感、成就感，然而内心深处渴望的却未必是这些东西。每个人都有自己的志趣和追求，不可能每个人都一模一样，即便随波逐流，你的隐秘愿望也不可能自动消除。那个声音可能很微弱，可能被忽略，却仍然有能力折磨你的神经，逼迫你重新审视自己的选择，重新规划人生道路，从而做出符合自己真实意愿的抉择。

安迪从小就是一个优秀的孩子，不仅有着优异的成绩单，而且各方面表现都很出色，经常受到老师表扬。父母以他为傲，班级以他为荣，无论走到哪里他都很受欢迎。作为“学霸”，他非常重视分数和排名，不允许自己在考试中有任何失误，也不允许自己考第二名。

因此他时刻处在焦虑和高度紧张的状态，他从来没有找到过学习的乐趣，每天只知道苦学，即使拿了高分也不开心。

安迪不喜欢学习，他是为了获得外界的表扬和赞许才逼迫自己学习的。在他看来，学习成绩优异就等于成功。只要分数遥遥领先，他就能得到成就感。可是他的灵魂却在抗议。每次翻开课本，他都有一种强烈的厌恶感。这种症状一直持续到大学毕业。为了让父母继续为他骄傲，他选择走学术道路。读完了学士读硕士，读完了硕士读博士，常常泡在实验室里做实验。他想等博士毕业以后，他将买座大房子，买辆名牌车，喝香槟，吃鱼子酱，尽情享受上流社会的生活。疲累至极时，他便用幻想给自己打气。

每当有人问："你喜欢做实验吗？"安迪都不能马上作答。他很迷茫，说不清自己的感受，只能勉为其难地说："还行吧。"提问的人不依不饶地追问："那究竟是喜欢呢，还是不喜欢？"安迪不得不承认："不太喜欢。"他不仅不喜欢实验，还对实验深恶痛绝，可是又有什么办法呢？他认为自己的未来就在实验室，体面的工作、好房好车、优厚的待遇，都和他目前从事的实验挂钩。如果离开实验室，他将失去一切，沦为可悲的失败者。有时候他惧怕失败，有时候又渴望失败。因为如果被赶出实验室，他就能从事和机械有关的工作了，那才是他的兴趣所在。他从小就喜欢拆玩具，并对汽车模型着迷。如果没有高学历，也许他会做一名汽车修理工，或者做一名汽车设计师。纠结了一段时间之后，他做出了一个惊人的决定：放弃实验室的项目，到汽车公司应聘，重启自己的职业生涯。

人类总是被名缰利锁所困，终生不得自由，是何其可悲！如果不去聆听自己内心的声音，就会被表面的光鲜和浮华所惑，背离了自己想要的生活。迷惘的时候，不妨试着跟自己的灵魂沟通，问问自己真正想要的是什么，有没有背离初衷，不要等到拼尽全力达成目标的时候才后悔。别人永远不能代替你感受，别人趋之若鹜的东西未必适合你，所以不要以任何人为参考范本，而要重新出发，找到自己最迷恋的风景。人生最大的悲哀莫过于踩着别人的足迹走路，在他人的眼光中翩翩起舞。人应该活出自己的姿态，遵从自己的情感需求，不以任何理由放弃自主选择的权利。

在独处中恢复心理能量

一个人只有在独处的时候，才能成为真正的自己。

——叔本华

1844 年，美国哈佛毕业生梭罗离开了喧嚣的都市，迁居到瓦尔登湖畔生活。他建造了一间小木屋，开辟了田园，每天思考自然和人生，度过了一段宁谧幸福的独处时光。在森林湖畔，他找到了自我，得到了从都市生活中永远无法得到的东西，实现了精神上的富足。这段奇妙的经历塑造了梭罗，让他从繁华都市的尘嚣中摆脱了出来，获得了一种前所未有的满足感。

有时候独处是恢复心理能量最好的方式。微妙的心流体验都是在安静的独处中产生的。一个人画画、一个人弹琴、一个人品茗、一个人倾听风声雨声拥抱大自然，都是一件非常美好自在的事。身心疲惫的时候，暂时与外界隔离，沉浸在物我两忘的状态中，往往能产生愉悦安宁的感受。独处有助于自我修复，有时候远离嘈杂纷乱，享受一段安静的时光，是一种无上的快乐。即便你曾经支离破碎，即便你已经心力交瘁，只要肯抽出时间与自己相处，在独处中安享寂静，就能实现自我修复。

卢梭出身于日内瓦的一个钟表匠家庭。自幼丧母，且家境贫寒，很小便当了仆人。他做过学徒、杂役，也做过家庭教师和抄写员的工作，在成长的过程中他一直过着颠沛流离、动荡不安的生活。他先后有过 5 个孩子，所有孩子都送进了育婴堂。30 岁那年，他有了声望，成为思想激进的文化名人。他的天赋人权学说和社会契约理论受到重视，引起了街头巷尾的热议。后来他开始提笔创作，写下了饱受争议的《爱弥儿》。

卢梭对自己的大作充满信心，认为它是灵感和真知灼见的产物，然而当局却不这样想，不仅将其视为蛊惑人心的异端邪说，还把它列为禁书。有一天晚上，卢梭忽然听到消息，法院决定烧毁《爱弥儿》，并发布了抓捕他的逮捕令。卢梭无比震惊，为了躲避牢狱之灾，被迫流亡瑞士。在瑞士刚刚安顿下来，瑞士官方便发布了驱逐令，责令他在一天之内离开。卢梭再次搬家，迁居到了普鲁士国管辖的地区。1764 年，他寄居在莫蒂埃，收到了一封神秘的来信，写信人对他破口大骂，不仅质疑他的人品，而且把他贬低得一文不值，并威胁说要把他的恶行公布于众。他怀着忐忑不安的心情去了英国，后来又隐姓埋名回到法国隐居，着手撰写《忏悔录》。在著作中他提到了痛苦的流亡生涯以及那些噩梦般的岁月，他一边是在自我批判，一边在发泄内心的愤懑。

毫无疑问，卢梭是个不幸的人，如果别人经历他所经历的一切，恐怕早就崩溃了。那么卢梭是怎么熬过来的呢？秘诀在于他善于从独处中汲取力量。黄昏时分，他用心倾听林涛声和水花拍打堤岸的声音，与天籁之声融为一体。到了夜里，与星辰明月相伴，像个孩子一样用天真无邪的眼光观察世界。在自然母亲的怀抱里，他不再彷徨，不再害怕，感受到的只有喜悦、宁静和纯粹的快乐，身心都有了归属，于是很快就从创痛中恢复了过来。

心理学家马斯洛认为，独处是人的正常心理需求，善于独处有益于身心健康。人在极度疲惫、做事低效的状态下，让自己独处片刻，不被外界打扰，什么也不做，身心将得到充分的休息，再次投入工作往往会效率更高。遇到难题和挫折的时候，或者被不良情绪包围时，沉下心来冥想，单独待一会儿，烦恼往往会烟消云散。面对压力，选择独处，让大脑放空，奇思妙想会层出不穷，不经意间就能产生灵感火花。

独处的另一个好处就是给自己一个冷静的空间，隔离争吵，回避错综复杂的利益纠葛，让自己的心灵毫无负担地休憩一会儿。在独处中，你才能剥离自己所扮演的各种社会角色，成为你自己。没有独处，便不能找到真实的自我，也不可能回归本我。所以不要排斥独处，好好享受独处时光，让灵魂有所皈依，让心灵不再流浪，快乐无须寻找，便唾手可得。

做人生的减法，剪除欲望的枝桠

一个人放下的越多，就越富有。

——梭罗

著名雕塑大师被记者问到是如何造出“大卫”的，他言简意赅地回答说他只是凿去了多余的石头，留下了有用的部分，大卫像就诞生了。旷世杰作原来是这样催生出来的。是的，学会做减法，减除多余的部分，就能创造奇迹。

哈佛大学教授曾经对 MBA 学生做过纵向研究，发现学有所成的学生大都知道如何做减法，善于刨除多余的东西，一心钻研有价值的事物，同时保持好奇心和开放心态，终生学习。可见剪除欲望的枝桠，宁静致远，有利于克服浮躁心理，更快地达成目标。

有一个学徒跟随师父多年，却依旧没有收获，心里很困惑，于是问师父："我学习了这么久，为什么还没有取得成就呢？"师父没有回答他，而是命他拿来一只瓶子，叫他往里面装大石块。徒弟照做了，把瓶子填满了石块。师父问："你还能往里面装东西吗？"徒弟摇了摇头。师父又说："那就填些沙子吧。"徒弟沿着石块的缝隙装沙子，再次把瓶子填满，忽然恍然大悟："原来刚才瓶子没满。"师父又问："现在满了吗？"徒弟肯定地说："已经满了。"

师父又让徒弟往瓶子里倒水，然后抛出了同样的问题："现在满了吗？"徒弟不敢轻率作答。等到水把缝隙填满，师父又问："这说明了什么？"徒弟慎重地考虑了一会儿，回答说："空间挤挤就会有的。"师父说："不对。你把所有的东西用相反的顺序装进瓶里，看看会怎样。"徒弟将瓶子清空，先装入水，然后放了一点沙子，没装多少，水便溢了出来，根本没有空间放大石块了。这时师父意味深长地说："人的一生就好比这只瓶子，如果装满沙粒般的小事，那么那些如石块一样的大事还怎么能装进去呢？你必须学会去繁就简，才能学有所成。"

人生如同一个空空的容器，如果填满毫无价值的东西，那么就没有多余的空间放置真正有价值的东西了。所以，必须学会"断舍离”，放弃超出生命需求的东西，才能摆脱低级趣味，过上更有追求的生活。然而人们已经习惯给生活做加法，总是不停地在人生清单上添加各种并不重要的事项。奇怪的是，疯狂地购买各种物品，沉迷于娱乐至死的奢侈享乐，幸福体验却一直在减分。那么人们为何会陷入这种矛盾的境地呢？

因为在取舍之间，选择获取是人类天生的倾向，取意味着有所得，意味着占有更多的资源，可以给自己带来愉悦感和满足感，而舍意味着损失，舍弃一样东西意味着损失了一笔财富，是非常不划算的。但生活并不是简单的加减法，很多事情不能用金钱来衡量，当多余的事物充斥了生命的整个空间，就会变成心灵的负累，只有勇于舍弃，才能让心灵重获自由。人的欲望是无止境的，用有限的人生追求无穷的欲望，便会被不合理的欲望所累，沦为披枷带锁的奴隶。有时候内心冲突完全是欲望不可调和造成的，所有的痛苦和矛盾都是因为物欲、贪念、对名利的执念引起的，只要舍掉这些有害的东西，内心就会变得澄澈明净。

减除贪念，减除尔虞我诈的算计，减除东奔西走的劳碌，减除随波逐流的麻木，减除浮夸和做作，减除一切不切实际的追求，让生命变得更简约，让灵魂变得更轻盈，让生活变得更丰盈，有所为有所不为，摒弃纷繁复杂，才能收获简单的快乐。

做自己渴望成为的人

理想的人是品德健康才能三位一体的人。

——木村久一

考上哈佛只能说明学习成绩优秀，德育智育突出，当走向社会后还要和其他学校毕业的学生同台竞争，竞争力取决于个人能力，而不是名校光环，名校仅仅是提供了一个很好的学习平台而已。哈佛学生很早就明白这些，毕业之前便早已做好了职业规划。学子们踌躇满志，立志做自己渴望成为的人。薪资待遇虽然是找工作的一个重要参考标准，但不是唯一标准，他们更加在乎自己的内心感受，不会仅仅为了一份薪水工作。

哈佛人的选择告诉我们，当一个人做自己渴望成为的人时，他的内心和自身是和谐统一的，否则就会身心分离的。每个人都想活成自己渴望成为的样子，可惜由于各种各样的原因，人生轨迹偏离了最初的方向。不少人由于生活压力过着按部就班的生活，每天循规蹈矩地过日子，千篇一律的人生一眼就能看到尽头。虽然感性上渴望跳出舒适区，却迟迟不敢尝试，因为理性思维总在阻拦。理性上人们认为，任何精神上的追求都是虚妄，生活必须稳定，否则青春和灵魂都无处安放。为了所谓的稳定，人们极力压抑自己的真实感受，杜绝幻想，抹杀一切改变命运的可能，潜能被抑制，痛苦如影随形，却依然自欺欺人、自我安慰，直到被生活折磨得面目全非，才如梦初醒。

有一个建筑系的毕业生第一次来到施工现场，看到艰苦的施工环境和漫天滚滚沙尘，极为不适应，他忍不住掩住了鼻子。工地上的人们却早已习以为常，似乎早已对灰尘沙粒产生了免疫力。这名毕业生感到格外茫然，他对建筑业一点儿热情都没有，当初要不是家人逼迫他子承父业，他永远都不会踏入这个领域。他是个有洁癖的人，受不了不整洁的环境，施工现场对他来说简直就是噩梦。然而家人不理解他，认为建筑业有发展前途，工作稳定，比其他行业更有优势。在家人的安排下，他过上了噩梦般的生活。

第一次到工地考察，他全程掩鼻；第一次看图纸，他头晕目眩；第一次和业主打交道，他心烦意乱；第一次参与项目，他一脸茫然。他无法进入工作状态，每天度日如年。因为心理压力太大，他每个周末都喝得酩酊大醉。有一天，他再次喝醉，拉着同学说了很久。他说他不怕吃苦，只是目前的生活不是他想要的，他做梦都想成为一名摄影师，带着相机浪迹天涯。同学忙说摄影师收入不稳定，怎么比得上建筑师。他长叹了一声，再次没了主意。

每个人心目中都有一份理想的职业，一个理想的我，可是当理想照进现实，便会无所适从。有的人做了温水青蛙，麻木地重复相同的日子，有的人选择了逃避，打着"生活在别处"的旗号，动辄来一场"说走就走的旅行"，归来之后立刻被打回原形。由于受到各种条件的制约，大多数人根本就不知道怎么变成自己想成为的人。当纯真、梦想、激情不复存在，人们只能屈从于现实。

事实上，人生还有另外一种可能，那就是重拾梦想，努力成为自己想成为的人。不再强迫自己扮演自己讨厌的角色，抛开虚荣心，克服惰性，舍弃安稳的生活，重新寻找人生坐标，向着梦想的方向进发。人生永远没有太晚的开始，只要你找准了目标就有希望达到成功的彼岸。即使倾其所有仍然没有圆梦，也没有什么可遗憾的，因为你已经拼尽了全力，穷尽了一切可能，即便最终没能登上金字塔，也有了更开阔的视野，总比原地踏步令人欣慰。除你之外，没有人知道你希望成为怎样的人，所以一定要遵从自己的内心，不要让流言蜚语和外部干涉扰乱了你的心境。

HARVARD PSYCHOLOGY

哈佛第八课

重塑自信——学会自我欣赏，才能获得赞赏

培养“优越感”，不做自卑的奴隶

由于痛苦而将自己看得太低就是自卑。

——斯宾诺莎

每个学校都有自己的特色，办学理念各不相同。以哈佛商学院为例，MBA班以培养未来CEO为己任，学校反复向学生灌输这样一个理念：我是哈佛精英，将来一定能成为一个有影响力的CEO。在信息的反复强化下，哈佛学生被培养出了一种近乎天然的优越感，非常自信，个个相信天生我材必有用，都迫不及待地想要到社会上大展拳脚。和其他学校的学子相比，哈佛学生设定的目标显然更高，目标的差异决定平台的大小，正是因为敢于设立高远目标，哈佛人的起点远远高于其他竞争者，一开始就赢在了起跑线上。

众所周知，只有少数天之骄子才拥有与生俱来的优越感，大多数人或多或少都有些自卑。自卑情结是人类的共性。有的人因为相貌平庸自卑，有的人因为不善言谈自卑，有的人因为智力、学识、技能比不上别人而自卑。为了摆脱自卑感，人的一生都在追求优越性，直到取得了超越众人的成就，才能找到心理平衡。也就是说，在成功之前，人们是很难走出自卑的心理阴影的。而成功者凤毛麟角，这就意味着大多数人会被自卑所困。那么对于正在奋斗中的人们来说，有没有希望提前培养出优越感，及早摆脱自卑呢？事实证明是可行的，只要调整自我认知就可以了。

美国有一位著名女律师叫科尔，言语犀利、口才一流、思维缜密，每次出庭都语惊四座，气势远远压过对手，帮助当事人打赢了不少官司。她非常专业、干练，从业务层面讲，无可挑剔。美中不足的是，她面容扭曲，长得太丑，她的相貌让人感觉极度不适。人们不禁要问，有这种巨大缺陷的人是怎么成为一名优秀律师的？

其实科尔小时候长得并不丑陋，她像其他孩子一样聪明漂亮。升入中学以后，她的下巴忽然长了一些白斑，她当时没太在意。谁知一个星期后，白斑越长越多，连成一大片。父母带她去就医，医生说她患上了皮肤病，开了一些药膏。一个月过去了，白斑并未消退，面积反而越扩越大。她的身体也随之发生变化，一头迷人的金发变成了难看的灰白色，并出现了脱发症状，一只眼睛开始歪斜，鼻子发生了扭曲，嘴角向上翻起，整张脸都变了形。父母再次把她带到医院检查，经诊断，她患上了进行性面偏侧萎缩症。这种病非常罕见，目前还没有有效的治疗方法，患者只能任由脸颊和五官一点点萎缩，直至变成一个可怖的丑八怪。

变丑之后，科尔十分自卑，只能用优异的成绩来证明自己。她每门功课都得第一名，是班里学习最好的孩子。可是同学们仍然歧视她，管她叫“歪鼻子”“白头翁”。进入大学，她仍然被当成怪物，受尽了冷嘲热讽。在一次课堂上，老师让学生讨论理想。轮到科尔时，有个男同学抢先说：“她的理想是整容。”同学们听后，忍不住哈哈大笑。科尔一字一顿地纠正说：“你错了，我的理想是当一名律师。”四年后，科尔真的成了一名出色的律师，凭借着敬业的态度和专业的工作能力赢得了业界的认可，她坦然地说：“容貌美不美并不重要，重要的是生命中的坚强和自信。”

心理学家拉康·雅克认为，人们在进行自我评价时，大都参照他人对自己的态度。别人就好像自己的一面镜子一样，映照出了自我形象。可事实上，镜子里的影像可能是失真的。别人看低你，并不意味着你很差劲。别人的评价可能会让你自卑，使你无法产生优越感。针对这种情况，你需要及时纠正自我认知，建立新的评价体系重新评价自己。不要顾忌别人怎么看待你，而要学会相信自己，用积极的镜像来提升优越感。

如果你屡屡遭受挫败，对自己丧失了信心，不妨先放下手头的事，去做一些力所能及的事，重新找到自我掌控感，利用积极的体验调整心态。要密切关注成功的记录，认真总结心得，慢慢恢复信心。如果你当众出丑了，比如演讲时大脑空白，或者在某个场合被冷落，在社交时表现尴尬，抑或是搞砸了某项工作，不必介怀，告诉自己下次会做得更好。每次失误，不妨把希望放在下次，再给自己一次修正的机会，信心便会与日俱增。

面对嘲笑，请昂首前行

走自己的路，让别人说去吧。

——但丁

2001年，天才少年尹希读完了大学，向美国排名前十的知名学府发出申请，准备出国深造，这引来了一片质疑声。人们讽刺他是书呆子，认为他不可能被美国的任何一所大学录取。结果令人出乎意料，尹希被哈佛大学录取了，后来又成为哈佛最年轻的博士，哈佛大学物理教授安德鲁·施特罗明格对他赞不绝口，十分欣赏地说："刻苦，聪明，强大的记忆力，他都具备。然而最让人喜欢的还是他的大胆与创新。别人对他的抨击与评价他并不在乎，他很喜欢独立思考，并自己寻找解决方法。”尹希身上所具备的品质正是哈佛人所推崇的，他不仅有才华，而且不惧嘲笑，敢于坚持自我，恐怕这才是他备受青睐的原因。

生活中，大多数人可能都被嘲笑过。有的人在嘲笑和质疑声中丧失了自信，有的人变得抑郁敏感，有的则暴躁易怒，出现了严重的情绪问题。只有少数人能昂起高傲的头颅，在嘲笑声中奋然前行。许多成功人士在功成名就之前都被恶意地嘲笑讥讽过，都有过一段鲜为人知的心酸历史，幸运的是他们没有被口水淹没，没有被困难吓倒，一路披荆斩棘，用实力回敬了当初那些嘲笑过自己的人。

以色列科学家谢赫特曼有一天在做实验时，发现了一种奇特的固体物质，非常惊喜，把它命名为“准晶体”。他高兴地把新发现告诉了同事，同事们不仅不相信他，反而讥笑他无知。因为按照传统理论，固态物质不是晶体就是非晶体，不可能有其他存在形式，准晶体的概念纯属无稽之谈。谢赫特曼费尽唇舌说服同事，可是没人理会他，实验室的主管对他极度厌烦，毫不留情地把他开除了研究小组。

谢赫特曼黯然离开了实验室，被迫回到以色列工学院工作，继续研究准晶体。在母国，他同样受到无情的嘲笑，有人毫不客气地指着他大骂：“你这个疯子在美国时，我们还能安宁一些，没想到这么快就被遣送回来了。”谢赫特曼不予理睬，联合其他科学家撰写了论文，阐述了准晶体的理论。论文发表非常不顺利，遭到许多科学杂志的拒绝。有的编辑直截了当地说：“我们不想刊载这么无聊的论文，它完全违背常识，毫无价值可言。”几经周折，终于有家小刊物愿意发表这篇观点新颖的论文。论文刚刊载，学术权威们便纷纷站在了谢赫特曼的对立面，对他进行口诛笔伐。化学家莱纳斯·波林公开嘲笑谢赫特曼，说他胡言乱语。一些高校还把谢赫特曼当成反面教材，教导学生必须尊重常识，不要异想天开。

谢赫特曼被科学界贬低了 30 年。随着科技的进步，人们终于发现了准晶体，接受了谢赫特曼的理论。由于谢赫特曼的研究，准晶体被广泛应用于医疗和工业领域，手术专用的微细枕头、刀具、柴油发电机都是准晶体制造的。准晶体的推广，大大改善了人们的生活。

2011 年，为了表彰谢赫特曼的杰出贡献，科学界为他颁布了诺贝尔化学奖，并为他支付了 146 万美元的奖金。

有时候别人嘲笑你，可能是不认可你的能力，觉得燕雀抱有鸿鹄之志，非常不自量力，也可能是因为不认可你的发展方向，认为你异想天开、不切实际。不要在乎外界说什么，只要你达成了自己的目标，所有人都将对你刮目相看。

如果别人恶意攻击你、讽刺你，你无须理睬，更不要自我怀疑。那些用恶毒语言伤害你的人大都庸庸碌碌，没有追求，他们不希望看到你成功，所以总是打击你。不妨把那些充满恶意的话语当成过耳的秋风，不必太放在心上。

别给自己乱贴标签

一旦被贴上标签，你就很难逃脱。

——奥斯卡·王尔德

人类善于从同类事物中寻找普遍的共性，总结一般性规律，然后赋予其标签化的概念，这是概括性思维使然。概括性思维，能帮助我们高效分析和解决问题，避免秩序上的混乱，但它也能制造痛苦，尤其是我们往自己身上贴标签的时候。标签是对自己的定位，且饱含感情色彩，如果我们用各种负面标签定义自己，就会被它限制住，陷入自卑的泥潭。

哈佛人普遍自信，是因为他们从不往自己身上乱贴标签。学校尊重学生的天性，尊重他们的个性发展，从不轻易把任何人分门别类，哈佛学生也以同样的方式对待自己，相信自己独一无二、与众不同，谁也不会将自己简单粗暴地划分到某个群体。可惜大多数人都不会像哈佛人那样理性，人们习惯了用标签定义别人，用标签评判自己，习惯性忽视人类自身的独特性，在抹杀了个性的同时，也丢掉了自身应有的魅力和风采。

托尼是一所高校的学生，因为错失一个奖项而濒临崩溃。他平时学习成绩优异，但一直对自己评价不高，只能通过获得各项荣誉赢得自尊。这次没能拿奖成为压死骆驼的最后一根稻草，把他推到了绝望的边缘。据同学回忆，他常常给自己贴标签，说自己是“懒鬼”“笨蛋”“缺乏自制力的蠢货”，只要出现一点儿问题，他就会没完没了地唾骂自己。由于性格阴郁古怪，没人敢和他交朋友，他一个人独来独往，与外界十分疏离。他和导师的关系也不佳，在撰写论文的过程中沟通不畅，这种不愉快的经历加剧了他的抑郁症状。

在沉寂了一段时间之后，托尼毫无征兆地失联了。据最后一位见到他的同学回忆说，失联前夕托尼情绪极不稳定，总是猛烈地拍打自己的头，口中念念有词，每隔几分钟就重复“蠢货”这个词，一副咬牙切齿的表情。据托尼的父亲说，当天下午儿子给他打了一通电话，儿子声音激动，有点口齿不清，末了轻描淡写地说了一句“我要去远方了”，随即挂断了电话。托尼的失踪令学校和他的家人格外紧张，人们都非常担心他的安危。警方已在寻找他的下落。然而半年过去了，始终没有发现他的踪迹。托尼的父母已经接受了儿子人间蒸发的事实，因为太过痛苦只好迁居到别处生活。托尼的老师和同学都在为他默默祈祷，希望他早日平安归来。人们都说是形形色色的标签毁了托尼，如果他不胡乱往自己身上贴标签，事情根本不会发展到这个地步。

很多时候，人类对自己的信心都是在贴标签的过程中崩塌的。当我们把自己定义成“失败者”“无能之辈”或“可怜的蠢货”，给自己贴上形形色色的标签时，这些标签就会幻化成魔咒，把我们拖向无底的深渊。

贴标签是一种愚蠢的行为，每个人都有自己独特的一面，以个体概括整体，是以偏概全，以整体推断个体，就忽略了个体间的差异性，忽略了个体丰富细腻的内心世界。任何一个血肉丰满的人都不应该被贴上冰冷的标签，标签只是一种抽象的概括，它既不科学，也不人性化，应该受到抵制。

一个人若想超越自卑，恢复自信，必须撕掉身上的标签，无论自己是冰雪聪明还是资质驽钝；无论是外表靓丽还是笨拙朴素；无论是口齿伶俐还是胆小讷言，都不要再用任何标签定义自我。每个人都有瑕疵，也都有光彩，不要揪住自己的短处不放，不要轻易看低自己。

在给自己撕标签的同时，也要给别人撕标签。一般而言，喜欢给自己乱贴标签的人，往往也习惯用标签定义别人。对自己的轻视，在某种程度上反映了对某一类群体的轻视。所以必须破除偏见，才能从根本上解决问题。任何群体都有它存在的价值，不应该被诋毁、被藐视，我们要消除偏见，平等地看待自己和别人，方能找到内心的和谐。

不要用别人的标尺衡量自己

不要拿他人的标准衡量自己，因为你不是他人，也永远达不到他人的标准。

——马尔兹

哈佛商学院克莱顿·克里斯滕森教授说："认真思考什么才是衡量你人生的正确标尺。我总结出，上帝衡量我的人生的尺子并不是美元，而是那些我曾经影响过他们人生的人们。"然而在现实生活中，人们早已习惯了用别人的标尺来衡量自己，尤其喜欢用大众的眼光评价自己。在物欲横流的社会，财富已然成为衡量一个人价值的标杆，故而人的自信水平在某种程度上是建立在个人财力的基础上的。物质雄厚的有产阶层通常春风满面、自信潇洒，而收入中低水平的广大群体则灰头土脸、自惭形秽，这是一种普遍的现象，但不代表普遍的东西就是正确的。

财富不应作为唯一衡量一个人价值的标尺，不同的人应该有不同的金钱观。每个人的需求不一样，很难评判谁对谁错。所以不要用统一的标尺来衡量别人，也别用同样的方法来衡量自己。

你可以有你的成功标准，你可以有你的生活方式，不必按照世俗的标杆来定义自己。或许有人因为你没有房没有车，没有银行存款而贬低你看轻你，或许有人因为你没有取得较高的社会地位而质疑你的能力，不要太过介意，你可以默默努力，也可以继续随心所欲地生活，没有必要为了达到别人的标准而折磨自己。

有个年轻的画家成名前穷困潦倒、三餐不济，连一双像样的皮鞋都没有。鞋面严重破损，没钱修补。他每天穿着开口的旧鞋上街卖画，俨然一个邋遢的流浪汉。来来往往的人前来看热闹，但真心买画的人却很少。有一天有个顾客看中了他的画，向他询问价钱。年轻的画家报价500美元。顾客觉得画作不值这个价钱，开始讨价还价。画家寸步不让，坚持原来的价格。顾客扫兴地摇了摇头，表示不能接受。画家不高兴地说："不买就算了。"随即把画作撕得粉碎。

顾客吃惊地说："你怎么把画毁了呢？500美元卖不出去，少卖点钱也行啊。你是气糊涂了吧？"画家语气平和地说："不，我不生气。这画我标价500美元，是因为我认为它值这个价钱，你不愿意花500美元买它，说明你认为它不够好。既然标准不同，就不能成交了。以后我还会努力画画，争取画出更好的作品。"

画家不愿降低标准贱卖画作，说明对于自身的艺术功底，他心中有自己的尺子。当时他非常缺钱，卖出一幅画就能解燃眉之急，关键时刻，他却仍然不愿屈就自己。他不会为了物质上的原因而改变追求。在他看来金钱是不能衡量艺术的，但画作的明码标价是对他艺术水准的肯定，贱卖作品是万万不能接受的。正是因为怀有这个心态，他的技艺日渐精进，后来成了赫赫有名的艺术家，留下了许多艺术价值极高的作品。

适合别人的道路未必适合你，适合别人的标尺未必适合你。你不是他人，不能用他人的标准衡量自己。也许你会说，人是社会动物，怎么可能不在意别人的目光，怎么可能不受主流价值观影响，又怎么可能逃开世俗公认的标尺？其实，是有可能的。世俗有世俗的标准，凭一己之力你无法改变，但你可以改变自己内心的微环境，用更合理的标尺评定自己。哈佛人不以拥有美元的多少评价自己，而是以自身对他人的积极影响作为评判标准，这是何其难能可贵！客观而论，世俗的标准、哈佛的标准，哪一个标准更契合人文主义精神，哪一个标准更应该被视为文明社会的标杆，显然是后者，那么还犹豫什么呢，放下世俗的尺子，找一把更合适的标尺重新衡量自己吧。

勇于做一棵参天大树

如果你变成了一棵树，即使在很远的地方，别人也会看到你，并且欣赏你，因为你是一棵树！

——俞敏洪

哈佛大学第 29 任校长劳伦斯·巴科在就职典礼上重申了哈佛精神的三个基本价值观念：真理、卓越、机会。坚守真理是哈佛人一贯的追求；把握时代脉搏，抓住机遇，勇立潮头，是哈佛人一贯的态度；追求卓越、敢于优秀是哈佛人自信的表达。卓越是哈佛的代名词，这种理念深植于所有哈佛人的骨髓和血液中，造就了无数奇才。

立志成为一棵大树，是追求卓越的体现。大树参天擎立、亭亭华盖、笔直挺拔，敢于展示自己的风采，它不像小草那样默默无闻，也不像小花那样羞涩，它不仅自信满满，而且处处能体现出强者风姿。所以大树是令人尊敬的，人们只能对它仰视，既不能居高临下俯视，也不能任意踩踏。而小草就不同了，人们踩踏了小草却总是浑然不觉，没有人对此感到抱歉。毫无疑问，这个世界始终是强者的，弱者只能得到同情和怜悯，却永远得不到同等的权利。强者不仅引领时代潮流，而且在促进世界和谐进步方面也是贡献巨大，作为一个有理想有情怀的人，我们应当克服自卑，争当强者，以自己的绵薄之力改变世界。

罗杰·罗尔斯出身于纽约贫民窟，就读于一所秩序混乱的公立学校。那里的学生热衷于打架斗殴，经常旷课，不学无术，严重扰乱了学校纪律。罗尔斯受到坏风气的影响，也变成了捣蛋鬼。有一天他从窗台上跳下，跑向了讲台。校长皮尔·保罗不仅没有当众责骂他，还用赞赏的语气说：“一看你的小拇指，就知道你是当州长的料。”

罗尔斯十分惊讶，还从来没有人那样夸奖过他。在别人眼里，他是一个没有希望的坏孩子，调皮、粗野、功课差，几乎一无是处。他已经习惯了被鄙视，从内心深处，自己也鄙视自己。长这么大，他一直浑浑噩噩，感情十分麻木，只有奶奶鼓励过他，让他的精神振奋过一次，奶奶断言将来他能成为一名船长。如今校长预言他未来能成为一州的州长，这令他大为震惊。他默默地记下了这句话，并对此深信不疑。从此以后，他便以州长的标准严格要求自己，比如衣服必须整洁，不能再沾尘土，说话必须文明，不能污言秽语，走路必须挺胸抬头，要有领袖风范。渐渐地，老师和同学发现他有了脱胎换骨的变化。后来，他以崭新的形象顺利当选为班主席。

40 多年以后，年过半百的罗尔斯成了纽约州的州长。他是纽约历史上首位黑人州长，就职时颇为轰动。在发表就职演说时，他说了一句发人深省的话："信念可免费获得，成功者的奋斗都是从一个小小的信念开始的。"

人并非生来就是强者，就像大树生长多年才能成材，擎天而立之前不过是一棵小树而已。由弱变强需要一个循序渐进的过程，只有相信自己，不断激励自己，勇于超越自我，才能实现华丽蜕变。在成才之前，不要盲目和别人比较，既不要跟强于自己的人比，也不要跟弱于自己的人相比。跟望其项背的强者相比，也许会被鸿沟般的差距吓倒，对自己丧失信心；与远不如自己的弱者相比，取得一点成就便会自鸣得意，过早地失去了"更上一层楼"的雄心和动力。自己和自己比，每天进步一点点，既不夸耀，也不妄自菲薄，相信自己的才华，相信自己的能力，每天做最好的自己，一步一个脚印地走向成功。

建立自信不是一朝一夕的事情，自信不是在争强斗胜中取得的，而是在不断调整自我认知、不断提高自己的过程中获取的。一句富有煽动性的空洞口号，不能让人自信；任何蛊惑性的言论，不能让人自信；一个虚无缥缈的宏大愿景，也不能让人自信。只有从内心深处真正相信自己，按照理想的样子塑造自己，才能把自己塑造成一个卓越的人。

别怕暴露缺点，有时候缺点能为你增色

真正有信心的人不怕暴露自己的缺点，试图掩盖粉饰才是没有信心的表现。

——龙应台

哈佛教授在教学时从不介意暴露自己的缺点，喜欢在调侃和谈笑中跟学生分享自己人生中某些尴尬的时刻，喜欢时不时讲述自己的心路历程，暴露出脆弱、感性的一面。没有一位哈佛教授会摆着高高在上的冰冷面孔，也没有人伪装全知全能。他们总是那么亲切、自然，自信洒脱，给人以可信赖之感。

哈佛教授的处事方式告诉我们，不怕暴露缺点，才是真正意义上的自信。自卑的人通常不能坦然面对真实的自己，害怕被别人看穿，惯于掩饰缺点，想方设法“藏短”，绞尽脑汁伪装，甚至不惜说谎，用无数的谎言掩盖事实。而自信的人不怕别人了解自己的不足，不怕他人评头论足，内心足够强大，有能力抵御一切非议。

凯丝·达莉在成名之前走过一段很长的弯路。她虽然有美妙动听的歌喉，天籁般的音色，却仍不自信，因为她长着一口难看的龅牙，她每次站在舞台上，都恨不能从地缝钻进去。她觉得自己不够漂亮，突出的牙齿让整张脸显得更丑了。所以每次开口演唱时，她都会刻意用上嘴唇盖住牙齿，以掩饰自己的缺陷。本以为这样做，观众就看不见了，没想到这种做法不仅没能为她化解尴尬，还让她洋相百出，甚至影响了她的发挥。

观众席中有位音乐家发现了凯丝·达莉的音乐天赋，也看出了她表情不自然，于是直截了当地说："你到底在刻意掩饰什么，是突出的龅牙吗？观众是来听你唱歌的，你把歌曲唱好就可以了，不用顾忌其他方面的因素。"被当场揭穿，凯丝·达莉非常难堪，她惊慌失措，一脸尴尬，过了好一会儿，才镇定下来。她想也许对方说得对，她只是一个歌者，把歌唱好才是职责所在，何必那么在意自己的容貌呢？深吸了一口气之后，她大胆地露出了龅牙，放开声酣畅淋漓地高歌了一曲。她唱得很投入，几乎忘记了龅牙的存在。优美的歌声久久回荡在演唱厅上空。

观众惊呆了。人们没有想到眼前这个丑陋的歌者居然拥有天使般的嗓音，歌声是那么纯粹那么美妙，每一个音节都饱含着深情，每一句歌词都有一股震撼人心的力量。人们久久陶醉其中，都被凯丝·达莉的歌声打动了。那次演唱之后，凯丝·达莉一夜成名，火遍了整个美国。她那口不能视人的龅牙成了她最大的特色，观众不仅接受了她的龅牙，还接受了她的一切，发自内心地欣赏她、追捧她。

心理学家认为，一个人对待缺点的态度能充分反映出他对自己的认识和评价。处心积虑隐藏缺点的人，有严重的自我美化倾向，且非常自卑，他因没有能力正视自己的缺憾，所以必须处处"藏短"，才能维护可怜的自尊。而敢于暴露自己缺点的人，大都能全面看待自己，既能看到自己的优势，又能看到自身的不足，有强烈的自我提升意愿，这类人更容易取得长足进步。

敢于暴露自己的缺点，敢于展示自己更真实的一面，更容易获得他人好感，也更容易走向成功。敢于暴露缺点，往往更容易达成自我实现的目标。马斯洛认为，自我实现的成功者都能坦然接纳自己的缺陷，从不刻意掩饰，更不会做欲盖弥彰的蠢事。他们乐于改变可改变的缺点，对于永远无法改变的缺点和一些根深蒂固的特征，他们会选择坦然接受，使之成为自己生命中的一部分，绝不会为此惴惴不安。由此可见，建立自信，成为一个高度自尊的人，必须接受自身的弱点，放弃掩饰，不去刻意回避，如此才能消除内心的不安，获得平和与宁静。

保持从容，为自己的形象加分

泰山在前而不见，疾雷破柱而不惊。

——欧阳修

哈佛商学院终身教授坎特认为，信心决定成败，播种自信的种子，将收获成功，播种自卑的种子，就会收获失败的苦果。对自己信心满满的人，往往能够克服万难，通过坚持不懈的奋斗获得成功。自信者通常深知自己的优势，知道如何加强优势，通过优势积累，逐步走向成功。知名作家格兰德威尔在他的代表作《异类》中提出，成败都是优劣势积累的结果，优势的积累促成成功，劣势的积累导致失败。受到外部刺激时，每个人都会按照自己的方式和习惯做出反应，不同的习惯造就截然不同的人生。

从习惯和信心两个维度解读成功，我们将发现，自我认知起了到决定性作用。如果一个人对自己评价很高，就会自信无比，习惯性用从容的态度、积极的心态面对外部刺激，使局势朝着对自己有利的方向发展。所以从某种意义上说，从容是自信的外在反应。

淡定从容的人大部分很自信，而且有强大的气场。他们目光明亮、声音稳定，说话掷地有声，举手投足自有风度，遇到突发情况通常处变不惊。而不自信的人眼神飘忽不定，闪闪烁烁，总是流露出一种深切的不安，讲话的节奏或者迟钝滞缓或者急迫慌乱，给人一种不可信任的感觉。一个人是否自信，别人一目了然，自己也非常清楚，要想改变不自信的形象，除了调整心态，矫正自我认知外，还可以考虑从形象方面入手。

丹妮是公司的中层管理者，长期处于一种不上不下的位置。病假期间，公司业务部发生了变动，高层领导在没通知她的情况下，安排了另一个同事做她的替补。听到消息后，她非常愤怒，觉得自己被戏弄了，多年来兢兢业业工作，不仅没换来晋升，反而有可能被扫地出门，这个结果非常让她失望。她很想闯到总部办公室，跟高层领导大吵一架，毫无顾忌地述说自己的不满和委屈，但冷静下来后她又改变了主意。

丹妮认为事已至此，无论怎样争论都没有意义了。公司做出如此冷酷无情的决定，一定是有原因的。她想或许是她能力不济，公司看不到她的价值，所以想随便找个人替代。想到这里，她难过极了，自卑到无以复加的地步。她觉得近年来自己确实在原地踏步，没有任何进步，即使不请长期病假，也有可能被裁员。一切都是自找的。与其留下来丢人现眼，还不如默默走人，免得彼此难堪。临走之前，她要好好表现一番，算是华丽谢幕吧。

最后一次进入公司时，她像换了一个人，穿着得体的套装，画着精致的妆容，步伐从容不迫，颇有精英风范。当天她接待了一位大客户，在整个洽谈的过程中，她目光笃定，态度礼貌而亲切，谈吐之中透露出一种令人钦佩的精明和睿智，不知不觉中就已经说服了客户，当场便签下了一笔大单。上司和同事全都对她刮目相看。大家都觉得不可思议，一个即将被公司赶走的人，应该气急败坏才对，即使不气急败坏，也该羞愧得无地自容悄悄溜走才对，为何能做到如此自信、如此从容，甚至能超常发挥呢？

上司对丹妮的表现十分满意，只字未提被替补的事，而是向丹妮宣布了一个好消息。公司决定提拔她做业务部经理。丹妮简直不敢相信自己的耳朵，同事们也都惊讶地张大了嘴巴。不久那个替补人员顶替丹妮当了业务部主管，而丹妮则成了她的直属上司。这样的安排超出所有人意料。

世上有这样一种人：无论发生什么事，都表现得从容优雅，遇到任何情况都能处理得妥妥当当，总给人一种稳如泰山的感觉。这种气度是怎么炼成的呢？其实是阅历累加的结果。一个人见多识广，遇到过很多大风大浪，就拥有了驾轻就熟的资本，无论遇到什么难题都能应对自如。即使遇到十分棘手的问题，一时难以解决，也不会把内心的慌乱表现出来，由于善于克制情绪，内心的隐秘活动不被察觉，所以总能给人留下从容笃定的正面形象。可见，保持从容，练就“泰山崩于前而色不变”的镇定，既能促使别人相信自己，也有利于增强自信，加速问题的解决。

把“不可能”从口头禅中删除

能力永远和它的发挥有关，不论这种发挥是现实的或是很可能会实现的。

——休谟

哈佛大学心理系首位女教授艾伦·朗格认为，她所从事的研究与传统心理学最大的区别在于，后者专注于“是什么”，而她关心的却是“可能是什么”。她把自己研究的领域定义为“可能性心理学”。顾名思义，可能性心理学研究的是万事万物的可能性，而不是揭示普遍的真相。艾伦·朗格教授坚信一切皆有可能，任何事情她都敢尝试，当别人对她大声说“不”时，她从不打退堂鼓，总要反问一句“为什么不？”

艾伦·朗格的想法和做法非常符合哈佛人的精神风貌。哈佛人从来不会把自己限定在一个狭小的范围内，无论经历过多少失败，都不会变成务实的现实主义者，他们志怀高远，相信自己具备挑战一切局限的能力。大多数人都没有哈佛人那样自信，总是觉得自己什么事都做不成，习惯把“不可能”作为口头禅，还没有尝试就选择了临阵退缩，所以最后一事无成也就不足为怪了。其实世上没有什么事情是不可能的，人没有翅膀，却能借助飞机遨游蓝天；一只小小的跳蚤，可以跳出超出自身身高 350 倍的高度；一只渺小的蚂蚁，能搬动超过自身体重几百倍的东西。可见，渺小的生命，有希望做出震惊寰宇的大事，天方夜谭般的东西，也有希望转变成现实。只要你不去束缚自己，人生就有无限可能。

汤姆·邓普生下来便有缺陷，不像其他孩子那样有健全的双手双脚，他只有一只变形的右手和半只功能不全的左脚。由于四肢不全，他连站立和抓取东西这样简单的事情都做不好，很有可能一辈子坐轮椅或无所事事地躺在床上，像个活死人一样麻木地度过一生。然而他不甘心被畸形的身体束缚住，坚信自己完全可以像正常人那样生活，于是他严格要求自己，逼迫自己完成正常人的一切活动。很小的时候，他便和其他男孩一起完成了10里行军，长大后学会了踢橄榄球，他的球技很高，一脚下去，比其他男孩踢得远很多。

不久，汤姆·邓普穿上了量脚定制的特殊鞋子，参加了相关测试，还与冲锋队签订了一份合约。教练觉得作为一名残疾人，汤姆·邓普不可能在橄榄球赛场上取得成绩，于是委婉地奉劝他不如换个领域试试。汤姆·邓普不愿放弃，诚恳地请求教练给他一次表现的机会。教练虽然疑虑重重，但是不忍心打击汤姆·邓普的信心，于是勉为其难地收留了他。两个星期后，汤姆·邓普参加了一场重要比赛，踢出了55码的好成绩，为球队争得了99分。教练大为惊讶，有些喜出望外。

人们很难相信，一个只有一只畸形手和半只脚的残疾运动员能取得那么好的成绩，不禁欢呼起来。面对如潮的掌声和此起彼伏的欢呼声，汤姆·邓普只是淡淡地笑了笑。他一点儿也不觉得意外。他一直都相信自己能做到。从小到大，父母一直都鼓励他大胆去做，从来不对他说什么事情做不到。正是因为这样，他从未怀疑过自己的能力，取得傲人成绩也就成了顺理成章的事。

人的一生就是一个不断探索的过程，只有不断打破边界，不断拓展生命的广度、深度，才能书写璀璨丰盈的人生。不要轻易对自己说“不可能”。只要你相信，一切皆有可能。这是一个简单至极的道理，那么人们为什么还要自我怀疑，总对自己说“不可能”呢？答案很简单，人们在尝试前，提示自己“不行”“不能”，是自我防御机制在起作用。自我设限，是为了应对失败的威胁。因为害怕失败给自己带来挫败感和无价值感，所以提前预言失败，自己阻断前路，扼杀一切可能性，这样就不必承担后果。这是信心不足、勇气不足导致的。要想改变这种局面，必须改变对失败的看法，正确认识失败，消除对失败的恐惧，进而突破心理障碍，成为一个敢于尝试的人。

发掘潜能的金矿

没有人事先了解自己到底有多大的力量，直到他试过以后才知道。

——歌德

哈佛大学教授认为，每个人都是一座宝库，身体里潜藏着取之不尽用之不竭的资源，这个宝库一旦打开，就会迸发出惊人的能量。可惜大多数人终其一生都没办法开发自己，只能平凡地度过一生。那么这是为什么呢？对此，哈佛大学赖肖尔研究所研究员加藤谛三做出了解释，他认为这主要和童年时代的经历有关。人在童年时代，为了博得家长和老师的关注、认同，被迫压抑真实的自我，长大以后往往自我认同度低，缺乏自信，没有勇气走出舒适区，追求自己渴望的生活。所以大多数人都活成了相似的样子，仿佛是同一个模板雕刻出来的。

其实每个人都有巨大的潜力，作为万物灵长的人类本身就有聪明的大脑和无可匹敌的学习能力、创造能力，倘若肯摆脱成长的负累，恢复对自己的信心，必能有所造就。你的能力比你想象中要强得多，你之所以怀才不遇，是因为潜能被抑制了，没能得到正常发挥。

第二次世界大战期间，发生了一件奇事。有个水兵巡逻时发现看一个乌黑的漂浮物，他断定是鱼雷，马上报告了值日官。值日官不敢怠慢，随即报告给了舰长。舰长动员全体船员前往出事地点查看。结果大家共同见证了惊奇的一幕。人们看到不远处的水沟里，一个男孩被卡在了卡车下面。有个中等身材的农夫毫不犹豫地跳了下去，徒手把笨重的卡车抬了起来，旁边的助手把几近昏迷的男孩拖了出来。

当地的医生很快闻讯而来，给男孩做了身体检查。男孩大体无碍，只是受到了惊吓。男孩的父亲，也就是拼死救他的农夫，仅有一点皮外伤。一个农夫瞬间变成大力士，徒手托举起一辆卡车的故事，成了一桩爆炸性新闻。连当事人本人事后都倍感诧异，很想看看自己是否还有多么大的力气。结果令人失望，他的臂力根本就不足以举起那辆卡车。即便耗尽了全身力量，卡车仍然纹丝不动。医生解释说，人在危急时刻，将分泌出激素，使身体产生巨大能量。平时完全不可能做到的事，在特殊时刻就能做到。农夫能获得超常力量，不只是因为身体做出了本能反应，还牵扯到心理因素。他看到儿子即将被淹死在水沟里，根本没有顾忌卡车的重量，只想着拼尽全力救人，几乎是在无意识状态下做出了惊人的壮举。潜能就是这样被激发出来的。

有时候，人无法开发潜力，是因为过分压抑自己。只有突破约束，抛开一切框架，秉承自己的天性，才能发挥创造性。才能把自己的身体能量和心理能量都释放出来。在现实生活中，人们都习惯了磨平棱角抑制自我，以迎合社会的需要。正是这个原因，人们灵感枯竭，失去了思考能力和创造能力，甚至对自己体内潜藏的能量浑然不觉，只有在万分危急的时刻，被迫做出应激反应，这才知道自己有多强大。

很多人不相信自己，认为自己身无长物，注定庸庸碌碌，不敢制定超出衣食住行以外的目标。每天像老黄牛一样踏踏实实走路，却不敢抬头仰望星空。这是何其悲哀！一个有追求的生命，必然以星辰大海为征程，不可能只为了生存而生存。毫无疑问，人对自己的评价直接影响潜能的发挥。没有理想、没有目标，对自己没有信心，得过且过的人，是永远都不可能成大器的。只有敢于突破自我的人，才能成为更好的自己，成就一番伟业。

有些人不明白为何要浪费时间发掘自我潜能，既然成功只属于少数人，只有屈指可数的人掌握了开发潜能的方法，普通人何必做这种徒劳无功的事情呢？这种想法是错误的。每个人都要经历一个自我成长的过程，无论你想做一个普通人还是做一个非凡的人，都要学会优化自己，不能原地踏步，否则随时都有可能被竞争激烈的社会所淘汰。你要么做到最好，成为强者，成为精英，要么沦为失败者，被淘汰出局，浑浑噩噩度日是没有出路的。所以，绝不能苟且偷安，一定要发掘自己某个方面的潜能，将它转化成优势，成就更好的自己。

HARVARD PSYCHOLOGY

哈佛第九课

培养自控力——把握自己，掌控人生的命运之舵

社会精英都是自我管理的高手

成功源于自律，一个人若没有果断的品质，他就永远不能算是一个独立的人。

——约翰·福斯特

《哈佛商业评论》中刊载过“现代管理学之父”彼得·德鲁克的一篇脍炙人口的文章，文章说，诸如拿破仑、达·芬奇、莫扎特之类的奇才都有一个共同特征，那就是他们都十分擅长自我管理。他们之所以卓有成就，除了天资过人的因素外，更为重要的因素在于，他们掌握了一套自我管理的技巧。

大多数的成功者，都是自我管理的高手。一个人的自我管理水平往往能直观地反映出他的情商水平。小孩儿任性、无理取闹，人们会认为他心智不成熟，不擅长控制情绪。而成年人如果有相似的行为，则会被视为不会管理自己，情商水平低，甚至会联想到道德问题和心理问题。优秀的成年人都有一定的自律能力，知道怎样调整自己的情绪状态，如何管理自己的形象、健康、时间和精力，能把一切事情处理得井井有条。人们常说“态度决定一切”，一个自律、有节制的人，必不会放纵自己，而会选择严于律己，养成健康良好的习惯。

伊丽莎白在公司担任业务总监时，经常因为管理问题与首席执行官发生分歧。她抱怨下属散漫没规矩，抱怨员工低效，每次绩效考核她都要为别人的错误买单，心里十分委屈，于是便向首席执行官反映相关情况，后者一点儿也不同情她，认为所有的错误都在她本人身上。伊丽莎白自讨没趣，只好向董事长诉苦。董事长耐心听完她的牢骚和抱怨，得出的结论居然与首席执行官一模一样，认为责任在伊丽莎白身上。

伊丽莎白分外郁闷，忍不住问："董事长，您是不是不相信我的能力，对我的管理水平有所怀疑？"董事长回答说："你是一个高层管理者，除了要管理员工外，还要学会以身作则，管好自己，这样上行下效，整个部门才能正常运转。"伊丽莎白顿时明白了，不再反驳，开始沉下心来从自己身上找问题。她发现下属散漫，是因为她本人比较随意，总是我行我素，长期宽己律人，所以难以服众。她自己多次早退，却要求员工满勤，一次旷工都不允许，触犯规矩便要重罚。她自己酷爱甜点，导致身材臃肿，却要求团队成员减肥，理由是肥胖会在与客户打交道时影响企业形象。她自己办事低效，经常拖拖拉拉，却要求员工一次性解决问题。

反思之后，伊丽莎白感到十分羞愧，从此不再苛责员工，开始严格自律。她把所有的毛病都改掉后，部门的风气随之焕然一新。员工的各种劣习统统消失不见了，大家都变成了高效自律的人。这让伊丽莎白格外惊喜。

自我管理有两方面的作用：一是自我激励、自我发展。二是自我约束。善于自我管理的人非常清楚自己该做什么，不该做什么，无论自己主观上是否喜欢做，都能听从理性的判断，高效能的人皆如此。那么怎么自我管理才更科学呢？第一步，列出自我管理的各个方面，比如健康管理、饮食管理、工作的精进、时间管理、财务管理、情绪管理、人际关系管理等。然后细化每个目标，在执行目标的过程中严格要求自己。

第二步，坚持28天改变旧习惯、建立一个良好的新习惯，督促自己进步。心理学家认为，习惯的养成只需28天。一件事重复做28天，就会被纳入生活轨道，习惯成自然。你可以先培养一个容易建立的习惯，比如说早起。每天坚持早起，清晨起来跑步或做其他运动，28天过后，习惯了这种生活方式和生活节奏，再建立另外一个良好的习惯。

第三步，培养自我约束的能力。如果你的某些习惯是不健康的，就必须想方设法改变。比如你明知吸烟、吃垃圾食品、乱发脾气有损于自身的身心健康，却控制不了自己。这时不妨写下做某事的好处和坏处，用权衡利弊的方式说服自己。以吸烟为例，吸烟的坏处有三点：一是危害自己身体健康，容易得肺病；二是危害他人健康，迫使亲人、朋友跟着吸二手烟；三是影响个人形象，长期吸烟导致手指和牙齿发黄。吸烟的好处有两点：一是可以放松心情减压；二是看起来很酷。经过理性分析，戒烟好处明显大于坏处，所以得出的结论是戒烟。其他坏习惯以此类推。

做情绪的主人，不做情绪的俘虏

面对太阳，阴影将落在你的背后。

——惠特曼

人们常以为自控力强的人不存在任何情绪问题，其实不是这样。任何一个有思想、有感知的人都有情绪，也都有可能被负面情绪纠缠，哈佛大学的精英也不例外。为了解决自身的情绪问题，有的哈佛学生不得不转换专业，投身于心理学方面的研究，不少人因此成了心理学专家。

事实证明，自控力强的人同样有情绪问题，所不同的是，经过一个阶段的调整，他们往往能很好地把控情绪，保证自己不被负面情绪所俘虏。自律的人比较克制，无论身陷悲伤还是极度愤怒，头脑依然保持冷静和理性，各种表现能很好地体现出一个人的文明修养。这样的人即使身处麻烦旋涡，也能镇定自若，通常懂分寸知进退，知道如何采用更妥善的方式解决纠纷。

在遥远的西部地区，有个叫爱地巴的老人，他每次和别人发生矛盾后，都会飞速跑回家，绕着自家的房屋和土地奔跑，跑完三圈便坐在田边休息。爱地巴非常勤劳，日子过得越来越富裕，房屋越建越大，土地越来越多。跟人争吵以后，他按照惯例，还是要绕着房屋和土地跑上整整三圈，身体的劳累程度可想而知。熟悉他的人也都不明白他为什么要这么做，他对此从不解释。

随着年龄的增大，爱地巴老得跑不动了，只能拄着拐杖蹒跚地绕着房子和土地慢慢行走。有一次他又生闷气，太阳都落山了，才走完三圈，累得气喘吁吁。孙子劝说道："爷爷，您的房屋和土地都太大了，不能一生气就绕着跑啊。您能告诉我，为什么一生气就绕着土地房屋跑吗？"爱地巴叹了口气，和孙子透露了埋藏多年的秘密："年轻力壮时，我和别人生气，绕着房地跑，边跑边寻思，我的房屋那么小，土地面积那么小，我应该快点置房置地才对，哪有闲工夫生闷气。想到这里，火气全消了，于是就把时间和精力用在奋斗上了。"

孙子又问："您现在已经有了大房子和很多土地，为什么生气时还要绕着房屋土地跑呢？"爱地巴回答说："现在我生气绕着房屋土地跑，边跑边寻思，我的房子这么大这么宽敞，土地这么多这么肥沃，已经足够幸福了，何必因为一点鸡毛蒜皮的小事跟人斤斤计较，想到这里，就不气了。”

负面情绪需要一个排解的窗口，每个人都有发泄的方法。情商高的人都有消化情绪和管控情绪的能力，绝不会被排山倒海的情绪浪潮淹没。那么对于怒火容易被点燃，短时间内无法把负面情绪疏导出去的人来说，该怎么处理才妥当呢？首先要学会冷处理，立刻避开刺激源，停止争论辩驳，中止一切行为活动，等情绪稳定下来，再着手处理问题。

情绪激动时，不要盲目争论是非对错，而要静下心来思考，究竟是自身的问题，还是别人的问题。是他人对自己不恭或不敬，还是仅仅是因为自己过分敏感，不要听从于情绪化的推论，而要用客观事实说明问题，用证据反驳不合理的想法。事后要与他人心平气和地沟通，在沟通中消除误会。如果双方的争执不是误会引起的，别人确实伤害了你，可根据具体情况酌情处理。记住，千万不要因别人的过错惩罚自己。独自生闷气或黯然神伤最不可取，别人并不知晓你的怒火和忧伤，自我煎熬、自我折磨是愚蠢的。假如别人深深伤害了你的感情，你可以选择原谅，也可以不原谅，只需接受事件本身、接纳自己的情绪，看透真相，不要逃避真相，要学会用平和的心态去面对。

给大脑一个缓冲时间，别让冲动毁了你

人最重要的价值在于克制自己的本能的冲动。

——塞·约翰逊

人们常说冲动是魔鬼，且深知冲动的危害，那么为什么就是控制不了自己的情绪扳机，遇事总是头脑发热呢？这是因为自控能力不够。人作为一种生物，天生具有各自欲望和原始冲动，这是人的天然属性，然而并不意味着人们应该屈从于不合理的欲望和可怕的冲动。一个文明人，终其一生都要和欲望、冲动作斗争，绝不可能把自己的大脑和身体交给本能。因为那样做，后果非常可怕。很多悲剧就是因一时的冲动酿成的。在现实生活中，一失足成千古恨的例子比比皆是。有的人走向了不归路，有的人害人害己，付出了惨重的代价，而悲剧的导火索可能只是一件微不足道的小事。可见，提高自控力，及时遏制冲动是多么重要。

运用自控力控制情绪，需要掌握科学的方法，最为重要的是在破坏性行动发生之前，给大脑一个缓冲时间，利用延时的时间，重启大脑细胞之间的链接，不断强化理性思维，以平衡内在的冲动，引导自己采取恰当的行动。

亚当是个失意的青年，喜欢酗酒、开快车，天天游手好闲，经历了多次破产。他以前有过工作，由于经常无缘无故旷工，被公司开除了。他还当过运动员，因饮酒过量，体质越来越差，表现力不从心，被迫提前退役。他的生活一团糟，要不是偶然得到了一份兼职工作，

恐怕早就露宿街头了。

亚当觉得自己是个彻头彻尾的失败者，人生已经没有希望了，于是开始怨天尤人，动辄打架滋事。有一天，他在酒吧喝酒，不小心撞上了一个身穿皮夹克的中年男人。对方粗鲁地骂了一句。亚当当场就火了，差点举起酒瓶砸向对方的头部。电光石火的一秒钟，他停止了动作，酒瓶没有落下来。中年男人朝他翻了一个白眼，骂骂咧咧地走开了。事后，亚当进行了反思，心想如果酒瓶真砸下来，后果不堪设想，好在他及时想起了母亲的忠告，避免了悲剧的发生。小时候每次他闯祸，母亲都劝他以后不要那么冲动，否则会后悔一辈子。当时他置若罔闻，长大后才发现母亲说的话句句都是真理。

滑落人生低谷以后，亚当决定洗心革面。从此每次热血上涌，头脑冲动时，他都会给自己按下暂停键，什么都不做，什么都不想，等冲动劲过去了，再做事。这个招数很有效。他渐渐变成了一个讲文明的人。多年以后，他改掉了酗酒的毛病，不再开快车，也不再打架，过上了有节制的生活，成了当地小有名气的商人。他经常坐在高档餐厅喝咖啡看报纸，一副温文尔雅的样子，似乎已经脱胎换骨。

冲动是一种近乎本能的反应，每个人都有过冲动的时刻，比如取得成功时狂喜不已，有一种想要手舞足蹈的冲动；受到责难或挑衅，表现得暴躁愤怒，恨不能马上教训对自己无理的人。这些反应都是情感脆弱、修养不够造成的，不可能在短期内改变。所以急躁愤怒，处于偏激状态时，不要奢望自己能马上控制情绪，要给自己一个放空自我的时间，什么都不要想，什么都不要做，让自己陷入一种无知无觉的状态，过了情绪的高峰期，再分析自身面临的处境。

心情久久不能平静时不妨找个安静的地方问问自己，是否有必要那么激动？激动能给自己带来好处吗？既然冲动百害而无一利，为什么不静下心来处理问题呢？通过这种自问自答的方式，慢慢转换思维，逐渐矫正自己的冲动型性格。

忠于你的感受，别去压抑真实的想法

如果不幸福，如果不快乐，那就放手吧 。如果舍不得，如果放不下，那就痛苦吧。

——柏拉图

人的脑海中有万千的想法，有的想法很美妙，富有启发性和创造性，有的想法则十分消极，令人不安。产生了可怕的想法，人的第一反应是压制，结果越是压制某种感受和念头，这种感受和念头就越发强烈，越发难以控制。因此哈佛大学教授指出，千万不要试图压制痛苦的情绪，你越压制它们，它们越会被不断强化，结果反而会更糟。

无论是随机产生的想法还是带有鲜明情绪色彩的想法，当它们源源不断冒出时，最好坦然接受，然后不作判断地观察它们，等待它们自然消失。千万不要愚蠢地认为，运用自控力便能成功控制住自己的念头和感受，因为那是不科学的。对此哈佛大学教授泰勒·本·沙哈尔有过深刻体会，他曾坦言，尽管自己成就斐然，16岁便成为全国壁球冠军，又就读于名校，社交活跃，一切顺利，但在漫长的时间里仍然感觉不快乐。换作别人可能认为自己反常，逼迫自己振作，然而泰勒·本·沙哈尔没有这么做，他无条件接纳了自己的真实感受，并得出结论：成功并不等同于幸福。

从心理学角度看，你有任何的感受、任何消极的想法都是正常的，你的情绪和你的潜意识不会说谎，逃避真相并不能解决烦恼，反而会使你的心绪纠缠错乱如麻。自控力强的人善于管理自己，善于疏导自己的情绪，但同样控制不了内心的想法，他们之所以能摆脱负面念头，选择积极乐观的生活方式，根本原因在于忠于自己的感受，不跟自己较劲，知道如何跟自己相处。

克莱尔出身于中产阶级家庭，自幼衣食无忧，过着公主般的生活，十分让人羡慕。可她却一点也不开心，整天闷闷不乐。她认为自己不该郁郁寡欢，她的家境无可挑剔，就读的学校条件很好，同学们都很友善，她应该感到满足。总之，她有一万个理由为自己拥有的一切由衷地感到庆幸，不该没来由地悲伤。所以，她不敢把自己的想法告诉任何人，怕受到嘲笑，怕别人不理解，一直把负面感受默默地压在心底。

日子一天天过去了，克莱尔长大了，变成了一个充满魅力的年轻女士，然而她的个性却从未发生改变，还是那么忧心忡忡，还是那么缺乏安全感。作为一个成年人，她不得不面对自己真实的情绪。她发现她的感受和念头并非都是没来由的。从小到大，她一直活在姐姐的光环之下，在优秀的姐姐面前，她永远黯然失色。父母偏爱姐姐，长期忽略她的存在。她那看似完美的家庭一直存在缺陷。以前她不敢承认，因为姐姐很疼爱她，所以她要拼命压制羡慕、嫉妒、恨等多种错综复杂的情绪。她不允许自己对亲爱的姐姐存有敌意，一直非常纠结。因为梳理不好情绪，一直被这种爱恨交错的复杂感受纠缠，所以对姐姐忽冷忽热，忽近忽远。这种矛盾的态度既伤害了自己，也伤害了姐姐。经过冷静的思考，克莱尔全盘接纳了自己的情绪，并把这些年来自己的心路历程分享给了姐姐，并得到了姐姐的谅解，那些痛苦的感受才最终消失。

心理学界有个著名的实验叫“白熊实验”，它从冷静客观的角度解释了压制想法产生的后果。研究人员要求受试者不要想白熊，结果毫无例外，所有受试者的大脑里都出现了白熊的画面，越去抵制，白熊越是会以更强烈的方式钻入脑海。这个实验说明，你越是强迫自己不要有什么想法，这个想法也是更猛烈地占据你的思维，让你一败涂地。人类的大脑就是这样运作的。那么怎样才能把讨厌的感受、讨厌的想法赶走呢？

首先，不要单纯依靠自控力来解决问题。而要考虑切断思维的线索，让自己从环境上脱离白熊。比如某个物件、某个地点、某个人物与一些不愉快的记忆紧密联系在一起，让你产生负面的念头和感受，你可以主动减少接触它们的频率，淡化它们对你的影响，逐渐从心理阴影中摆脱出来。

如果你改变不了环境，也无法切断思维的线索，注定要被某种念头和感受困住。这时不妨试试以毒攻毒的办法，不要回避某些想法，要详细描述甚至故意夸大某些想法，等到你看穿想法的荒谬离奇之处，就不会感到恐慌了，也就不会再陷入越压制越反弹的恶性循环了。

学会驾驭“意志力”

没有伟大的意志力，就不可能有雄才大略。

——巴尔扎克

哈佛大学研究人员发现，意志力的强弱对一个人的成败起着关键性作用。一个人如果拥有顽强的意志，就能矢志不渝地朝着目标前进，直至愿望达成。但凡成功者都具备超强的意志力。但意志力不是一种源源不断的能量，你运用意志拼命抵制诱惑时，会消耗大量的心理能量，精神上会格外疲倦，意志力耗尽之后，你就没办法继续抵抗诱惑了，你很有可能屈从于本能和低级趣味，甚至变本加厉地沉迷于某种不健康的生活方式。

运用意志力最科学的方式不是硬碰硬，而是化百炼钢为绕指柔。举个简单的例子，比如你非常渴望吃蛋糕，拼命压制吃蛋糕的欲望，这只能暂时使你远离高热量食品，但事后你的渴望会越发强烈，紧接着你会情不自禁地吃下更多蛋糕。最明智的做法是，承认自己想吃蛋糕，然后用合理的理由说服自己自律，比如为健康考虑，或出于保持身材的需要等。

人性是有弱点的。虽然理性上，人们向往简约、纯粹、健康的生活方式，但在感性上，却受不了感官享受的诱惑。事实上，严格的自律方式会让大多数人感觉不适，因为鲜有人能真正做到清心寡欲。过于克制自己的需求，过度苛待自己，可能会更快地滑向黑暗的深渊。所以，要合理地疏导和满足自己的部分欲望，既不能让自己贪婪，也不能让自己过度饥渴。要学会用理性思维克制自己，又要在物质上和精神上富养自己，千万不要在补偿心理的作用下迷失自我，走上不可预知的歧途。

克服鸵鸟心态，不再落荒而逃

你唯一能逃避的，是逃避本身。

——卡夫卡

鸵鸟是一种奇怪的动物，遇到危险时不夺命狂奔，而是老老实实待在原地，把头埋入沙子，以为眼睛看不到，自己就很安全。这是一种典型的逃避心理，心理学家将其称为“鸵鸟心态”。现实生活中，“鸵鸟心态”屡见不鲜。人们遇到问题不敢面对，像鸵鸟一样瑟缩不前，以为闭上眼睛就可以对所有的麻烦视而不见。正是这种思维限制了人们的发展，对此哈佛大学乔伊斯·马特勒指出，人们贫困的根源就在于错误的思维和错误的习惯。

乔伊斯·马特勒列举了种种导致贫困的原因，其中“鸵鸟心态”占据了三条：比如经常逃避做决定，遇事犹豫不决，存在严重的选择障碍，难以把握机遇；害怕被拒绝，习惯性回避种种问题，在社交中总是处于被动状态，难以建立和谐的人际关系；逃避现实，沉迷于幻想或虚拟世界，靠做白日梦自我慰藉。很多人根本意识不到自己的这些表现属于“鸵鸟心态”，只是觉得力不从心，对未来缺乏掌控，希望找一个封闭的空间躲起来，暂时脱离外面的风风雨雨。

遇事就落荒而逃的人，普遍个性懦弱，缺乏必要的自制力。一个警醒的人，一个有自控力的人，绝不允许自己临阵脱逃，也不会准许自己犯鸵鸟犯下的错误，他会选择勇敢面对。所以从某种意义上说，习惯性逃避是一种胆怯无能的表现。一个人如果没有胆量直面问题，就会受制于心理防御机制，一味地躲在自己的堡垒里面，拒绝面对外面的真实世界，故步自封、抱残守缺。

皮特希望能成为一名理财师，他利用业余时间学习了许多有关理财的知识，希望通过科学的理财方式，实现财务自由。有了职业规划之后，他依旧每天做着朝九晚五的工作，拿着固定的薪水。那份工作他并不喜欢，工作内容枯燥乏味，只是简单的重复劳作，没有任何技术含量，也没有发展前景，充其量只是谋生工具而已。皮特不想让这份工作拖累自己一生，所以一有空就看理财的书，幻想着通过书籍介绍的投资方式，实现财务自由。

然而理想很美好，现实很残酷。皮特没有财力，也没有投资的勇气，计划了多年，还是不敢辞职。天天浑浑噩噩度日。每当心情沮丧时便翻开理财类的书如饥似渴地阅读，反复强调他一直在为将来做准备，等到有了丰富的知识储备、足够的存款，投资到合适的领域，就能咸鱼翻身摆脱现在的生活了。这样的话说多了连他自己也不信了。他知道自己永远无法鼓起勇气改变现状，他害怕失业，害怕失去生活保障，害怕多年的积蓄化为乌有，所谓的投资方案不过是海市蜃楼般的幻影，他一直没把它当真，只是用它来麻醉自己、欺骗自己罢了。

遇到刺手问题就退缩逃避是极其错误的，但咒骂自己是懦夫并不能解决问题。最明智的做法是先卸下心理负担，理性地跟自己谈判，告诉自己，逃避意味着失去解决问题的机会，掩耳盗铃、自欺欺人只会让形势恶化。勇敢面对问题，即便解除不了危机，也能起到及时止损的作用，总比坐以待毙要好。

克服“鸵鸟心态”最直接、最有效的方式是破釜沉舟，让自己置之死地而后生。每当要打退堂鼓时，逼迫自己前进，接受暴风雨的洗礼。不要给自己留后路，人在无路可走时往往会被迫开辟出一条崭新的道路。

最后要弄清自己逃避的深层次原因。如果是因为怀疑自身的能力，不敢面对未知的风险导致的，那么战胜鸵鸟心态的最佳方式莫过于努力提升自己，提高自身的核心竞争力。自己变得足够强大时，就不会事事逃避了。

拒绝诱惑，好比拒绝长满尖刺的玫瑰

德行告诉人们：反抗诱惑吧，那样你才有更多的机会做出高尚的行为来。

——车尔尼雪夫斯基

哈佛大学非常注重人文精神的传承，把奉献社会、追求真理的殉道精神作为最基本的普世价值观灌输给学生。在清正校风的熏陶下，哈佛学生普遍不会受外部世界诱惑，不仅能静下心来学习，还养成了许多难能可贵的品质。

哈佛人自制力很强，无须任何人监督就能抵抗住诱惑，无论世界变得多么浮华，校园里丝毫不见攀比之风和享乐之风。然而大多数人是没有接受过哈佛学子所接受的严苛教育的，面对诸多诱惑时，可能无法把持住自己。更何况现代社会诱惑无处不在，权力的诱惑、金钱的诱惑、荣誉的诱惑，样样都令人心醉神迷，人们很难做到不被诱惑。

对此，有人认为，没有必要把诱惑视为洪水猛兽，它可以成为一种激励，一种鞭策，成为催人上进的力量。可事实与想象大相径庭，为金钱、权力奋斗的人，容易随波逐流，沦为欲望的奴隶，步入人生巅峰之后，就会放纵自己，变得骄奢淫逸。因此，史蒂芬·柯维说："不自律的人就是情欲、欲望和感情的奴隶。"情不自禁地接受诱惑，就好比满怀欣喜地接受长满尖刺的玫瑰，早晚会被利刺所伤。只有学会自律，学会自我约束，才能充分享受自由，拥有丰盈自在的人生。

某大型连锁超市的采购部经理，因为贪图利益，利用职务之便做起了吃回扣的买卖，把进货的业务给了自己的老乡。老乡以次充好，以十分低廉的价格将一些腐败变质的水产品供应给了超市，所得的赃款与采购部经理按照6:4比例分享。由于水产品不新鲜，顾客吃后产生了不适反应，一气之下把超市售卖变质食品的消息反映给了记者。记者经过调查，在涉世超市中发现了大量不新鲜的水产品，于是毫不犹豫地对这一事件进行了报道。该新闻在社会上引起轩然大波。

随着调查的深入和事件的持续发酵，采购部经理吃回扣的黑幕被揭发出来。他本人不仅遭到了辞退，还要被追究相关法律责任。据说，这名采购部经理是名校毕业的大学生，早年贫困，大学期间一直勤工俭学。因学习刻苦，生活节俭，备受师生喜欢。毕业后，他被大都市的繁华迷惑，一心想着买车买房，在寸土寸金的核心市区站稳脚跟。凭借着光鲜的学历和一流的口才，他轻而易举地获得了超市老板的赏识，工作不久即被提拔为采购部经理。虽然事业发展得顺风顺水，他却不满意，总觉得薪水低于预期，为了早点儿赚大钱，他打起了吃回扣的主意，在老乡的怂恿下，他把大量不合格的水产品运进了超市。直到东窗事发，他才害怕和后悔，不过一切都已经晚了，等待他的将是法律的严惩。

耶鲁大学医学院的贾德森·布鲁尔认为，对待诱惑，不要正面对抗，可采取四个步骤克服欲念。第一步是识别。认清诱惑背后的诱因，是为了满足某种情感，还是出于其他原因，找准症结，再对症下药。第二步是接受。无论你想做什么，渴望得到什么，一旦某个强烈的想法产生了，强硬地抵制或是消极逃避都无济于事，所以不妨先接受自己的欲念。第三步是观摩。站在旁观者的角度，客观地分析你的渴望和想法，评估它的力量，想想你身体的哪部分产生了这种强烈的需求，待冷静观察和分析之后，你就不会太沉迷其中了。第四步是分离。试着把你和想法分开。当你看透某个欲念和想法之后，渴望的心情就不会那么迫切了，诱惑的魔力也会随之消除。

制定 deadline，告别拖延症

最聪明的人是最不愿浪费时间的人。

——但丁

拖延症不是病，但危害却不容小觑。古今中外的名人不少深受拖延症拖累。譬如旷世奇才达·芬奇画画速度很慢，一幅画要拖到三四年才能完工，以至流传下来的经典之作仅有 20 幅。微软创始人比尔·盖茨在就读哈佛时，也染上了拖延的毛病，学习拖拖拉拉，临近考试才开始着手准备复习。创业之后，比尔·盖茨发现如果克

服拖延的坏习惯，事业将大受影响，于是痛下决心改过，花了好几年时间才摆脱这个老毛病。

哈佛学子喜欢拖延的人不多。大多数学生都有自控力，时间感很强，每天奔波于教室、图书馆、实验室之间，忙忙碌碌，不会轻易浪费一分钟时间。像比尔·盖茨那样喜欢把事情拖到最后一刻来做的人只是个例。虽然拖延症在哈佛大学不普遍，但在全球范围内却广泛存在。那么究竟是什么导致人们爱拖延呢？

原因大致有三个。第一个原因是完美主义情结。爱拖延的人要求高，而且关注细节，会花大量的时间做前期工作，如果没有信心把事情做到完美，就会一拖再拖，迟迟不愿行动。第二个原因是消极抵抗。弱势群体为了表达不满，会用磨洋工的方式对待学习和工作。第三个原因是即时满足。人们为了及时行乐，习惯性拖延。最后一种情况最为普遍，拖延成瘾的人大都缺乏自控力，不到最后一刻，不愿放弃眼前的快乐。因为贪图享乐，无法做到今日事今日毕。

琼斯是一家公司的办公文员，每天都要处理堆积如山的文件，事情总是多得做不完。通常旧文件没处理完，新文件又被送到了办公桌上，文件越积越多，严重超出了她的能力范畴。她之所以落到这步田地，并非是因为业务繁忙，而是因为太爱拖延。工作期间，她刚忙了一会儿，脑海里便有个声音说：“先喝杯咖啡吧，何必那么劳累呢？文件放一放，待会儿再处理。”于是她马上放下手头的工作，起身给自己倒了一杯咖啡，一边品尝咖啡一边查看手机新闻。

一杯咖啡下肚，琼斯神清气爽，继续处理工作。刚过半小时，她又觉得肩膀酸痛，于是停下来揉捏肩膀，心想：时间充裕得很，不必着急。放松半小时，不会太耽误工作。于是打开电脑开始浏览购物网站。临近中午，上司给她布置了新任务，为新拟写的营销方案查缺补漏。琼斯大致翻看了一下，厚厚的一沓儿文件，全都是一些生僻的专业术语，令人眼花缭乱。她顿时生出反感，迟迟不愿动手修改。下午琼斯拖到两点半才开始工作，桌上的文件只减少了几份，临近下班也没有把该处理的工作处理完。她欲哭无泪，再次为自己的低效付出了代价。照此下去，明天的工作量就要翻倍了，她即使熬夜工作，也未必能如期完成任务。

《哈佛商业评论》有一篇文章深入地分析过为何拖延顽疾那么难以战胜，文章的作者卡罗琳·韦伯指出，对于爱拖延的人而言“短期收益的诱惑力似乎总是比未来的回报更具吸引力。”也就是说短视是拖延症迁延不愈的根本原因。那么如何破解呢？卡罗琳·韦伯提出了许多行之有效建议。

★制定 deadline 和任务目标，找人监督完成工作

拖延症很顽固，如果凭一己之力克服不了，可以考虑把任务目标和新制定的 deadline（最后期限）透漏给可信赖的伙伴，在对方的监督和约束下完成工作进度。这样一旦产生拖延的想法，就会被及时制止。

★分解目标，缩小行动成本

有了 deadline，你可能还是会超期完成任务，克服不了拖拖拉拉的毛病。这是因为你的大脑认为行动成本太高，与其皱着眉头学习、工作，换取遥不可及的梦想，还不如停下来痛痛快快享受眼前的美好生活。这时你若是把大目标分解成触手可及的小目标，缩小行动成本，既能减少难度，又能快速获得满足感，这样能收到很好的效果。

★找出隐形障碍

有时候你刚刚开始执行任务，就产生了强烈的抵触情绪，想要把工作拖到几个小时后或明天、后天完成。这时不妨问问自己，你为什么那么抗拒？是因为讨厌手头的工作，还是因为压力太大怕自己把事情搞砸，理清思绪后，找出隐形障碍，快速解决问题。

★预想拖延的后果

设想一下，如果你不能如期完成任务，最严重的后果是什么。能力受质疑，晋升受阻，前途受影响，还是会失去目前的工作？如果这些代价是你无法承受的，那么就请尽快改掉拖延的毛病吧。

立刻行动，摆脱“剪不断理还乱”的思绪

行动和速度是制胜的关键。

——拿破仑

20 世纪 70 年代，有个年轻人考进了哈佛大学。大二那年，他发现新编的教材已经完美解决了进位制路径转换问题，于是决定辍学创业，研发 32Bit 财务软件。当时他只学到了一点儿皮毛知识，还算不上行家，对 Bit 系统一知半解，同学认为辍学的决定太过草率。但他不这样认为，有了想法之后他立刻采取行动，果断抓住了机遇，若干年后成了美国知名的企业家，凭借亿万资产荣登《福布斯》杂志富豪排行榜。

这个年轻人的故事跟比尔·盖茨的传奇故事如出一辙。可见

拒绝延宕，立刻行动是哈佛人的传统。为什么哈佛的神话无法复制呢？原因在于，人们虽然都有自己的规划和想法，但是将其付诸实践的人却不多。由于不善于自控，把太多的时间和精力浪费在了不必要的事物上，许多绝妙的想法都被束之高阁，成了镜中花水中月。

贫民窟里有个老乞丐，他衣衫褴褛、形销骨立，看起来十分可怜。他居无定所，没有任何可依靠的人，每天站在街口乞讨，勉强能填饱肚子。每每夜色降临，他都会虔诚祈祷，祈求上帝赐予财富，让他脱离苦海。有一天，天使降临了，告诉他："你的虔诚感动了上帝，上帝愿意帮你实现三个愿望。"老乞丐高兴极了，马上许愿变成富人。

第一个愿望实现了。老乞丐有了豪华的宅院和成堆的珍宝，一夜之间暴富。他惊喜万分，紧接着又许了第二个愿望，希望能年轻50岁，变成血气方刚的小伙子。第二个愿望也变成了现实。老乞丐如愿变成小伙子。他又许下了第三个愿望，希望永远过好日子，一生都不工作。天使若有所思地点了点头。刹那间，老乞丐失去了所有，又变回了原来的样子。

老乞丐诧异地问："天使你是不是弄错了？"天使回答说："美好的愿望必须靠行动才能转化成现实，你天天无所事事，愿望当然实现不了了。所以上帝剥夺了他的恩赐，你现在又一无所有了。"

行动是把蓝图变成现实的前提。空有想法、意愿，不肯落实行动，所有的构想都将成为空谈。现实生活中，有的人热衷于制订计划，却不爱执行，导致一事无成；有的人在行动之前，总是瞻前顾后，脑海里充满了消极的念头，迟迟不敢迈出第一步，屡屡错失发展机遇；还有的人已经习惯了“温水青蛙”的生活，只想安于现状，不希望破坏安稳的生活。因此，许多富有创造性的大胆设想都没有成为现实，梦想全都成了空想。

其实把梦想转化成行动并没有那么难。你只需把目标具体化，先筛选出最为重要的任务，步步紧跟地执行。行动之前，不要把注意力放到各种消极的假想上，应把消极的念头扼杀在摇篮里，摆脱“剪不断理还乱”的思绪，在放空的状态下勇敢尝试。一旦你迈出了关键性的一步，所有消极的假设都将不攻自破。

如果梦想和现实存在鸿沟般的差距，宏大的目标令你望而却步，那么你可以选择从最容易、最简单的事着手。哪怕只是完成了一个微不足道的小任务，对你而言也具有重大意义。因为它意味着你不再是个空想家，而是变成了一个脚踏实地的行动者了。

HARVARD PSYCHOLOGY

哈佛第十课

快乐法则——快乐是一种态度，更是一种境界

抓住触手可及的幸福

人类一切努力的目的在于获得幸福。

——欧文

心理学家认为，人类的终极目标就是追求幸福。那么幸福究竟是什么呢？它遥远而又切近，深奥而又简单，总会在一刹那间与人们不期而遇。有人认为幸福是成功者的专属，是昂贵的奢侈品，普通人永远不可能得到它。哈佛幸福课教授却告诉我们，幸福是一种内心的体验，一种生活态度，与财富无关，与成功无关，只要你用心体会，就能发现幸福。你不必等到功成名就时才奢享幸福，因为它就像你每天呼吸的空气一样环绕在你身边，你随时可以拥抱它。

哈佛大学教授泰勒·本·沙哈尔认为静下来享受美好时光，就能抓到触手可及的幸福。他以欧美人和印第安人的生活方式为例，揭示了幸福的真谛。欧美人生活在物质极大丰富的现代社会，享受着高科技的便利，拥有无数种选择，个人财富随着社会的发展水涨船高，然而人们的幸福指数不仅没有上升反而下降了。印第安人物质贫乏，拥有的东西很少，但却感觉非常幸福。这是为什么呢？

原因在于，欧美人不知道如何用心感受幸福的存在。欧美人忍受不了长时间的沉默，享受不了宁静的时光，但凡有人长时间不说话就觉得无法忍受，非要打破沉默不可。印第安人则不然，他们喜欢沉思默想，喜欢安静地享受一段不被打扰的时光，这种安然闲适的生活方式，使得他们随时随地都能邂逅幸福。其实幸福无处不在，只是环境太过喧嚣，心态太过浮躁，你感知不到它而已，屏蔽世间的嘈杂繁芜，腾空自己的内心，你就会发现幸福的泉水时刻都在你的心间流淌。

有个年轻的小伙子行色匆匆地赶路。迎面走来一个人，拦住他问："你为什么如此匆忙啊？"小伙子继续奔跑，头也不回地说："我没时间闲谈，别挡我路，我要寻找幸福。"光阴荏苒，物换星移，眨眼间二十年过去了，健步如飞的小伙子变成了一个体态臃肿的中年人，他依旧行色匆匆地在路上飞奔，对身边的美景视而不见，也不关心来来往往的人群，对周围的欢声笑语"不感冒"。二十年前的那个路人再次拦住了他："你为什么那么步履匆匆啊？"中年人说："别挡路，我在寻找幸福呢。"

寒来暑往，又过去了二十年。中年人变成了须发苍白、满面风霜的老人，他腿脚已经不灵便了，但依然迈着沉重的步伐艰难地前进。路人再次拦住了他："老人家，你还在寻找幸福吗？"老人百感交集，良久才应声说："是啊。"说完，流下了两行清泪。他这才发现原来那个路人就是幸福之神。他无数次与幸福之神擦肩而过，却没有认出来，只知道匆匆忙忙赶路，结果荒废了一生。

很多时候，人们只顾着匆匆忙忙地奔跑，却忽视了近在眼前的幸福。其实只要停下脚步，学会回味与欣赏，就会发现幸福的因子存在于每个角落。幸福不是轰轰烈烈、不是惊天动地，它很平凡，甚至很平淡，就隐藏在生活中的点滴之中。每天清晨起来，观察窗外透来的一缕阳光，聆听清脆的鸟叫声，嗅闻草木的清香，是一种幸福；享用一碗白粥，品一杯清茶，读一本好书，在灯光下与家人共进晚餐，是一种幸福；黄昏时分，携着爱人的臂弯，在幽静的林荫道上散步，看万家灯火、繁星点点，是一种幸福；晚上捧着童话书给孩子讲故事，享受甜蜜温馨的亲子时光，也是一种幸福。获取幸福是多么容易。只要有一颗善感的心，平凡的人也能感知到幸福。

幸福是一个过程，而不是一个结果。它是由无数个小小的片段集合而成，储存在生命的每一个瞬间。太在乎结果，不懂得享受过程的人，往往会忽略它的存在，即使达到了成功的顶点，也找不到幸福。所以要想幸福，就把脚步放慢一点，用心体会吧。它就贮藏在你的心里。

没有人对痛苦免疫，却可以超脱痛苦

极度的痛苦才是精神的最后解放者，唯有此种痛苦，才能强迫我们大彻大悟。

——尼采

哈佛大学图书馆墙壁上写着这样一句经典格言："请享受无法回避的痛苦。"对此很多人不解，人们都渴望自己快乐幸福，对痛苦避之不及，谁又会享受痛苦呢？然而仔细琢磨后你会发现，这句格言蕴含着丰富的人生智慧，值得每一个人深思。人生苦乐参半，严格意义上讲，痛苦的时光远多于幸福，痛苦才是人生的主旋律，只有学会享受痛苦，才能懂得如何享受欢乐。

高情商的人也有烦恼。痛苦是人们最容易体验到一种情绪，它具有普遍性，就像流行病，蔓延全球，没人可以逃脱它，也没人可以对它免疫。唯有历经劫波之后学会超脱，才能摆脱阴影，获得快乐。

20岁那年，乔经历了一次可怕的车祸，因伤势过重，医生建议截肢。那时乔的意识还很清醒，她哭喊着大声拒绝。医生十分同情她，为她做了长达数小时的大手术。经过多位医生的辛苦奋战，乔的腿虽是保住了，但情形却不容乐观，乔的双腿很有可能失去知觉和行走功能。从手术室被推出来，乔哭得昏天黑地。她害怕残疾，更担心断送自己的舞蹈生涯。

乔长着一双又细又长的玉腿，身姿轻盈，自幼喜欢跳舞。父母发现了她的舞蹈天赋，花了不少金钱和精力栽培她。眼看舞蹈大赛在即，偏偏出了车祸，这场意外不仅剥夺了她的参赛资格，还击碎了她多年来的舞蹈梦。对此，乔感到绝望。每天僵卧在床上，简直心如死灰。她的伤口火辣辣地疼，疼得厉害时不得不吃止痛药或打止痛针。比起肉体上的疼痛，精神上的痛苦更让她无法忍受。她觉得自己的人生被彻底毁掉了，不再有任何盼头，如此活着也只是苟延残喘而已，不再有任何意义。

那段黑暗的日子，乔从早到晚以泪洗面。忽然有一天她不哭了，脸上露出了难得的笑容。因为她发现自己并非想象中那么不幸。出事的这段时间，父母和朋友给了她很多关怀和鼓励，她被爱所包围。那么多人关心她，这是从未有过的。在众人的安慰和鼓舞下，她慢慢振作起来了。伤势也在一天天转好。医生建议她采用新疗法加速康复，她答应了。她想，也许还有机会站起来，也许还有机会跳舞。经历这场变故之后，她会更加珍惜生活，更加珍惜身边的人，用心体会生命中分分秒秒的美好。

如果你经常感觉痛苦，不要茫然，不必慌乱，这是极其正常的一种反应。你并不孤独，痛苦是一切智慧生物都拥有的感受，并非某个个体所独有。不要试图抗拒痛苦。因为你越抗拒，它越会像无形的枷锁一样牢牢束缚你。想要超越痛苦，必须摆正心态。要知道痛苦是人生的常态，它不是命运对任何人的惩罚，也不是上苍开的恶意玩笑，它只是一种不可避免的经历。深陷痛苦时，你仍然能感觉快乐的存在。如果你的心扉没有关闭，那么爱和阳光仍然会与你同在。只要你感觉自己为人所爱，就不会觉得自己一无所有。当你伤心难过时，爱的力量足以使你从创伤中恢复过来。

如果你孑然一身，终日与孤独作伴，也依然具备超越痛苦的能力。每个人都有一套自我净化、自我修复的系统，足以消化大部分痛苦。海洋的自净能力是惊人的，无论裹挟了多少泥沙、多少污垢，上面漂浮着多少垃圾，经过一段时间的沉淀，又会洁净如初。人的心理系统也是这样，再多的阴霾和痛苦，都会被你强大的心灵消解。只要你掌握了一定的方法，就能成功净化自己。

你必须允许自己倾听痛苦的声音，就像海洋允许污物现身。不管那个声音有多么阴沉多么恐怖，都要勇敢面对它，把痛苦的声音和痛苦的情绪从潜意识层面释放出来，让痛苦的感受到达巅峰，随后这种感受就会慢慢减轻。经过疗愈，可能痛苦还在，但它已经影响不到你的日常生活了。快乐的感受将越来越清晰越来越鲜明、强烈，渐渐充盈你的身心。

世界不缺少美，只是缺少发现美的眼睛

我们活着只为的是去发现美。其他一切都是等待发现美的种种形式。

——纪伯伦

哈佛大学在近些年的教学改革中，越来越重视审美教育，审美逐渐取代了艺术作为课程核心。学校这么做是为了让学生回归生活美学，更好地发掘美、解读美，更深刻地理解人文主义精神。其实审美观念不仅与人文精神有关，还和人类的幸福有关。如果一个人能处处留心美，知道如何用欣赏的眼光看待世界，那么他内心一定是快乐的。反之，如果一个人看不到美的存在，注意力集中在事物狰狞丑恶的一面，那么即便他身在天堂，也如同活在地狱一般煎熬。

世界从来就不缺少美，只是缺少发现美的眼睛，看不到美好的事物是人类的弊病，也是多数人不快乐的根本原因。人的感官是很容易麻木的。一切新奇美好的事物，你习惯了它的存在，就会熟视无睹，看不到它的价值。而不常见的坏事或丑陋的事物，因触目惊心，常能抓住人的眼球，吸引人的注意力。对此哈佛大学教授解读说，人们因为适应习以为常而忽略了好事和美好的事物，因过度关注反常的坏事，所以常把注意力集中到了消极的事物上。也就是说，人类不仅不善于发现美，时常忽略美，还特别关注丑恶的事物，如此一来，想要开心就变得非常难了。若要快乐，必须学会调整自己的注意力，充分调动麻木的感官，重新聚焦美好的事物，激活愉

快的体验，让愤世嫉俗的自己重新爱上这个多姿多彩的世界。

奥利维亚是一个愤世嫉俗的女孩，非常关注一些负面的新闻和负面的事件。看到街区有人偷盗、酗酒，她便嗤之以鼻。看到有人在商场里为争抢限量版的同款皮靴打架，她更觉得荒谬透顶。这些人的愚昧、堕落和不文明，时刻折磨着她脆弱敏感的神经，让她一度产生了脱离世俗隐匿荒野的想法。

因忍受不了贪婪的老板和俗不可耐的同事，奥利维亚辞掉了工作，改行做了一名自由摄影师。无论寒暑，她都会带着相机出门。冬天，头发和眼睫毛上结了一层薄霜。她丝毫不在乎。她喜欢拍雪景，因为雪后的世界最圣洁、最纯粹，没有一丝污染，可以净化人类的心灵。有一天她照例举着相机拍雪景，冬日的阳光洒在挂满雪花的梧桐树上，冷暖光线相映生辉，格外清新美丽。她快速拍下了这一奇景，心头蓦然涌现出一种别样的情愫。她没有想到，如此平凡的街景，居然也能生出震撼人心的美。

奥利维亚正感慨着，不远处忽然传来阵阵欢笑声。几个孩子在堆雪人、打雪仗，玩得不亦乐乎。奥利维亚看着他们，想起了自己的童年，心中顿时五味杂陈。不一会儿，孩子的妈妈过来了，不仅没有责怪孩子们调皮，还加入了他们的游戏。那幅其乐融融的画面深深打动了奥利维亚。她不由得感叹道，原来世间不是只有丑陋，还有美与和谐，还有很多美好的人和美好的事物，以前没发现，只是因为司空见惯没有特别留意罢了。

艾默生说：“如果星星每千年闪烁一次，我们都会仰视赞美这个世界的美丽，但是因为它们每天都在闪烁，我们将之视为理所当然。”是的，轻易见到的美好事物，人们无法发现它的美，只有在它变得稀缺的时候，人们才能看到它的独特之处。你看不见美，不是因为这个世界不够美好，处处充斥着肮脏丑恶，而是因为你选择性过滤掉了美好的东西，总是盯着灰暗的东西。只要换一种眼光看待世界，一切都会大不一样。当你还是孩子的时候，处处都是惊奇和美：一群忙碌的小蚂蚁很美，一枚飘落的黄叶很美，一只掠过天际的飞鸟很美，一张张笑脸很美，一袭红裙、一把花伞也很美。随着年龄的增长，对美的感知越来越淡。只会用挑剔和批判的眼光审视周遭的一切。所以，只有返璞归真、重拾童真童趣，才能让心灵变得敏感，发现更多的美。

懂得感恩，才能收获幸运

感恩是美德中最微小的，忘恩负义是恶习中最不好的。

——英国谚语

人们都有这样一种倾向，习惯拥有便不知感恩，只有失去时才知道珍惜。因此，哈佛大学教授感慨说，人只有在倒霉时，才会感激自己曾拥有的一切。健康恶化时，才知道感激上帝曾经给了我们一副好身体。身处险境或失去亲友时，才知道感激亲友的付出和关爱。以前一直身在福中不知福。非要等到悲剧发生，才会感激习以为常的东西。

不知道感恩的人是不会拥有幸福的。哈佛大学教授认为“感激能给人类带来最为单纯的快乐”，培养出感激意识，平凡的一天处处涌动着暖意，无论是带着狗去散步还是陪着孩子玩耍，都是一件无比快意的事情，也是值得感恩的事情。学会感激，人生处处都是快乐。

感恩是一种健康的心态，也是一种能力。没有感恩之心，心灵就好比寸草不生的荒漠，了无生机。懂得感激和珍惜，懂得回馈，你的生命才能葱茏繁盛起来。每个人都接受过来自上帝和他人的恩赐，比如父母的养育和关爱，长辈的谆谆教诲，朋友的友谊，自然界赐予的美景……这些都是我们不费吹灰之力就能得到的东西，已然习惯了拥有它们，不知道心存感激，其实这是错误的。世上没有什么东西是我们理所应当得到的，我们能拥有美好的事物，能拥有美好的感情，有美好的人相伴，一定要感恩，否则就辜负了上帝的美意。

一个杂货店的老板因经营不善破产了，店铺关门了，他的生活陷入困顿，每天都在为还债发愁。有一天他到银行贷款，怀着无比沉重的心情出门，整个人无精打采，慢腾腾地挪动着脚步，如同行尸走肉一般。他已经丧失了斗志，每走一步都格外吃力。正当他脸色阴沉地赶路时，迎面忽然出现了一个没有腿的残疾人，那个人坐在装有车轮的木板上，手里拿着木棒，以一种笨拙的方式滑动着前进。吃力地滑动了一段距离，两人才面对面相遇。那人友好地打了个招呼："早上好，先生。今天天气不错，不是吗？"他脸上的笑容非常舒展，声音愉快，整个人状态非常好，一点儿也不像个身体有缺陷的人。

愁容满面的杂货店老板看了看对面的残疾人，忽然觉得自己很幸运。他想自己虽然破了产失去了钱财，至少还有两条腿，可以行动自如。有什么理由颓废下去呢？想到这里，他豁然开朗，重新振作了起来。后来他得到了一笔借款，成功渡过了困难期，没过多久就找到了一份工作，过上了全新的生活。

有时候我们抱怨没有好鞋穿，诅咒命运，痛斥世界不公，不知道感激命运的恩赐，直到看到别人没有脚，才发现自己是何其幸运。是的，即使我们两手空空、一无所有，也应该心怀感激，感谢上苍赐予我们健全的身体，感谢别人的友善和感慨付出，感谢阳光雨露滋润着世界，感谢人间一切真情，感谢一切美好的事物。

我们要有感恩的心，牢记别人的点滴付出。收到祝福要感谢，收到问候要感谢，对于别人提供的举手之劳也要感谢。对于亲近之人润物细无声的付出更要感谢，感谢一汤一饭，感谢日复一日的叮咛，感谢日常的关怀照料，感谢多年来的宽容和理解。不仅要感谢，还要适度地为亲朋付出：送上一份贴心礼物，送上一句温暖的问候，为对方做一些力所能及的事，让友善和爱在互动中升华。

感恩和回馈是自然而然的事情，不是一种等价交易，更不是礼尚往来。由衷地去感激别人，就会全心全意为对方着想；由衷地希望别人获得幸福，就不会让任何利益纠葛玷污了彼此的情谊。这样在给别人带来好运的同时，自己也能收获幸运，并收获更多的福祉。

成长比成功更重要

每个人都想到成功，但没想到成长。

——歌德

哈佛大学第 26 任校长陆登庭说：成功者和失败者之间的差别，不在于知识和经验，而在于思维方式。的确，知识和经验可以在短时间内迅速获得，只要借鉴前人的方法就可以了，站在巨人肩膀上，谁都能获得全新的视野。可是思维方式的培养则需要一个漫长的过程，人只有不断历练成长，才能拥有与时俱进的思维。

由于受到急功近利思想的影响，人们只看重结果，不看重过程，盲目地追求成功，却长期忽略成长，直接影响到了精神体验。只看重成功不看重成长的后果是让人感受不到奋斗的快乐和喜悦，长期忍受压力和痛苦，即便到达了事业之巅，也只能拥有短暂的兴奋，之后便是无尽的茫然和空虚。只有关注自己的点滴成长，才能体会到向上努力攀登的乐趣，时时刻刻乐在其中。

凯文大学毕业后在一家地方电视台找到了工作，担任责任编辑一职，负责编排栏目、改稿、审片等日常工作。这份工作很有挑战性，要学的东西非常多。凯文天天充电，累得头昏脑涨，但仍然没法弥补自己的不足。编辑部人手少，业务杂，同事大部分都是新人，没办法互相交流经验。上司总是呼来喝去，给了凯文很大压力。凯文受够了低级职务，也受够了别人的指挥和摆布，多次萌生辞职的念头。可转念一想，自己经验不足，很难找到理想的工作，除了硬着头皮继续原来的工作，他别无出路。

为了早日摆脱痛苦忙碌的生活，凯文给自己制定了一个目标，那就是一定要晋升为编导，成为成功人士。为了达成目标，他天天起早贪黑地奋战，逼迫自己疯狂学习，花费了大量时间研究各类栏目的编排播出，两年后终于成了行家里手。后来编导跳槽，职位出现空缺。凯文当仁不让地填补了缺位，成为电视台新任编导。他成功了，但只开心了一天，他就又陷入了痛苦抑郁的状态中。

两年来凯文过得很辛苦，睡眠严重不足，满脑子都是工作，没有快乐过一天，本以为只要坐上编导的交椅，就能过上幸福的生活。然而事实跟他想象得不一样，他仍然不快乐。直到编辑部招来一名新人，凯文才发现自己的症结所在。从那名新人的工作热情和学习态度上，凯文找到了自己的痛苦根源。原来只看重成功的结果而不懂得享受过程，看不到成长的意义和价值，就会把奋斗看成苦役，即便到达终点，也找不到充实快乐的感觉。

成功只是一个节点，它虽然重要，却与长久的幸福感无关。人生最大的快乐莫过于在路上的感觉。成长虽然伴随着伤痛，却是一个痛并快乐的过程。它既是不断打碎自己，突破自己，不断自我重建的过程，同时又是一个不断沉淀自己的过程。一个人成长了，不仅能力提高了，经验增加了，而且思维方式和思想境界也大不一样了，心灵将更加充盈，性格将更加成熟，对待世界和自己的看法将更加客观和理性。

成长比成功更重要。成功换来的是刹那的欢愉，而成长给予人的是希冀、喜悦、升华和蜕变。人在成长中获得的快乐远比从成功中找到的乐趣要多。因此，关注自我成长，克服急功近利的毛病，是奋斗者苦中作乐最有效的方式。不要太过贪求成功，即使不成功，只要你在追求成功道路上成长起来了，变成了一个更睿智、更美好的人，就是值得欣慰的。

不要把快乐的钥匙移交给别人

向外看的人是在梦中的人，向内看的人是清醒的人。

——荣格

你幸福吗？你快乐吗？你对自己的生活现状满意吗？如果你迟疑，不能马上作答，说明你的幸福感不强，还很有可能处在痛苦之中。你的痛苦可能来自原生家庭遗留的问题，可能来自有缺憾的婚姻，可能来自朋友的误解、疏离，也可能来自亲戚、邻居的叨扰。仿佛人人都有意针对你，都在处心积虑地跟你作对，目的就是让你痛苦，让你不快乐。

人际关系的困扰确实会在很大程度上影响人的幸福体验。哈佛大学做过一项研究，发现幸福与财富、名望关系不大，却与人际关系密切相关。所以，人际关系不和谐的人很难幸福。那么这是否意味着想要获得幸福，人们必须向外部寻求帮助呢？其实不是这样。哈佛大学教授泰勒·本·沙哈尔说，人们把太多时间花在了外部，留给自己的时间太少了。增加幸福感最为紧要的步骤是把看问题的视角从外界转向内部。因为比起外界因素，内在因素对于增加幸福感的意义更大。也就是说，不要把快乐的钥匙移交给别人，先关照好自己，处理好自己和自己的关系，才能更好地处理与外部世界的关系，才能有效提升幸福感。

莉莉丝最近心情十分低落，谁也不想理会。朋友邀请她参加派对，她断然拒绝；同学请她参加生日宴会，她也回绝了。在人群中她感到很不自在，欢笑声变得刺耳，窃窃私语变得讨厌。每次参加社交活动，她都提前离场。渐渐地，人们都不愿再和她交往了，觉得她性情孤僻，冷冷淡淡，没有一点儿讨喜之处。莉莉丝也这样认为，所以干脆闭门不出，成天躲在家里。

其实，莉莉丝很渴望关爱，渴望温暖和友谊，但是她总是情不自禁地想把别人从身边推开。这种反应主要和她的原生家庭有关。她很小的时候父母就离异了。父亲对她不闻不问，几乎中断了往来。母亲是个性情乖戾的女人，对她很冷漠很粗暴，没有给她足够的母爱。长大之后，莉莉丝因为缺爱养成了讨好型人格。每天笑脸相迎讨好身边的每一个人，总是委曲求全。她实在太累了，对社交渐渐厌烦，于是过上了深居简出的生活。一个人待久了，她又倍感孤独。她不知道如何走出困境，不得不求助于心理咨询师。咨询师告诉她，她必须先学会和自己相处，把状态调整好再投入社交，必须纠正讨好型人格，才能拥有健康良好的人际关系。莉莉丝同意对方的看法，开始尝试着把注意力由外部世界转向自身。

学会照顾自己，是走向幸福之路的第一步。与其耗费精力处理错综复杂的人际关系，不如好好照顾自己。照顾自己包括身体方面的照顾和精神健康方面的照顾。拥有一个好身体是幸福的保障。如果你身体状态欠佳，每天饱受病痛折磨，那么无论取得多大成就、拥有多少财富，都不可能快乐。所以必须对自己的身体健康予以重视。哈佛大学研究人员认为，合理膳食、适度进行体育锻炼、保持合适的体重、控制烟酒、养成良好习惯，是保持健康和长寿的秘诀。

有关精神健康方面，哈佛大学教授提出了许多建议，包括冥想和学会给予等。哈佛医学院神经科学家萨拉·拉扎尔采用大脑扫描的方法证实了冥想对大脑及精神健康的好处，研究表明，冥想能增加同情心，改变人的情绪状态，减轻焦虑、抑郁症状，提高生活品质。学会给予，助人为乐，能让人长久保持好心情。哈佛大学的一项研究显示，人们由衷地做善事时，大脑变得异常活跃，脑部活动与得到奖励时的状态几乎一致。所以热情善良、乐于助人的好心人比对他人漠不关心的人要快乐。

身心合一，邂逅高峰体验

高峰体验，是审美活动的最高境界，是完美人格的典型状态。

——马斯洛

美国心理学家亚伯拉罕·马斯洛曾经调查过一批事业有成的人士，后者向他描述过这样一种体验：忽然产生一种发自心灵的战栗和满足感，一种超然物外的美妙情愫，仿佛到达了极乐世界一样。这种近乎狂喜和痴迷的体验被称为“高峰体验。”高峰体验是幸福的极点，它稍纵即逝，无法长时间驻留。

高峰体验昙花一现般短暂与幸福基础水平有关。哈佛大学教授指出，幸福感是一种稳定的情绪状态，人们一旦适应了它，幸福指数就会下滑。比如考试考了第一名或享受了一顿丰盛的美餐，将收获短暂的幸福，这短暂的幸福就是幸福基础水平的峰值，过不了多久，幸福指数就会回落，恢复到原来的基础水平。所以谁也不能长久保持峰值状态的幸福感，高峰体验往往如流星般短暂。

平缓的幸福感是细水长流式的，而高峰体验是极致的快乐，它令人心醉神迷，如弯道超车一般刺激，但却跟廉价的快感有本质区别。人只有在自我实现的需求得到充分满足之后，才能拥有这种趋于巅峰状态的极乐体验，如艺术家完成一部不朽的杰作，音乐家谱写完一首妙不可言的乐曲，建筑师看到自己设计的摩天大厦拔地而起，科学家在实验室里与细菌、原子交流，触摸宇宙时空……高峰体验随时降临。个体达到忘我、无我的境界，与自己所热爱的事物融于一体，身心合一，即能邂逅高峰体验。

吉米第一次邂逅高峰体验是在赛场上。起初他忐忑不安，不知道自己能不能取得好成绩。比赛开始时，他迟疑了好几秒才大踏步奔跑。周围一片嘈杂，呐喊声、呼叫声不绝于耳。吉米不加理会，高昂着头奋力飞奔。跑着跑着，他感觉身轻如燕，脚步也变得轻快起来，风声在耳畔呼啸，终点遥遥在望。

吉米咬紧牙关，以胜利者的姿态跑向了终点线，如愿获得了冠军。那一刻，他兴奋到了极点，仿佛有一股强烈的电流从身体穿过，使全身每一个细胞都感到舒畅。尽管精疲力竭，他却无比快乐，处在一种精神高度放松的状态。体能耗尽之后，能量的释放，不仅没有给他带来虚脱感，反而给了他一种前所未有的奇妙体验。他为自己感到骄傲，对目前的状态感到分外满足。那一刻的体验，足以令他铭记终生。他整个人沉醉在微醺的春风里，汗水升腾蒸发了，呐喊声消失了，除了轻柔的风声和铿锵有力的心跳声之外，他什么也听不到，似乎进入了另一个空间。良久，他才回过神来，接受别人的祝贺。事后每每回味起这一刻，让他都有一种无法言喻的奇特感受。

生活平淡如水，有时候需要高峰体验来激起激情的浪花。高峰体验能让人沉浸其中，不能自已，如同美酒佳酿，厚味无穷。它可让人的头脑处在一种介于亢奋和痴狂的状态，可让人的感官变得更敏锐，能捕捉到冥冥之中的天籁之音。那个特殊的时刻，是人与自然最和谐的时候。人感觉到自己是自身的主宰，深知自由意志的可贵，所有的恐惧、疑虑都变得微不足道，只剩下爱与感动。

高峰体验非常美妙，可惜存在时间太短，想留住它并不容易。

如果你想让它重现，可以考虑将当时的感觉述诸文字，把美好的感受用感性细腻的语言表达出来，这样在回味、重温的时候，仍然会有一种怦然心动的感觉。

释放压力，让心灵轻盈起来

承受压力的重荷，喷水池才喷射出银花朵朵。

——格拉西安

比起其他世界名校，哈佛大学的教学更加自由化一些。虽然学生课业很重，但考试测验却非常少。一门功课的成绩可由期末考试或一篇论文决定，只要肯用功就能过关。哈佛大学的博士生资格考试难度系数比较低，无须复杂的书面考试，只要参加3个小时的口头答辩就能通过。哈佛大学的这种教学方式，是为了培养学生的创造性思维，同时也是为了给学生减压。考试减少了，学生便可以随心所欲地支配自己的时间，利用丰富多彩的自由活动释放压力。

众所周知，适度的压力可以转化成动力，促使人进步。但是高强度的压力，则会给心灵带来沉重的负担，导致烦躁、抑郁、情绪低落，还有可能引发自我认同障碍，引起行为异常。现代人焦躁、痛苦、冷漠、愤怒，缺少幸福感，在很大程度上是压力过大导致的。人们只有学会舒压解压，才能告别烦恼，天天保持好心情。

琳达是一个办公室白领，她每天忙忙碌碌，压力非常大，有时候工作做不完，还要把文件带到家里处理。她时常挑灯夜战，从华灯初上熬到灯火阑珊，临近夜半三更已经睡意全无。由于太过劳累，她总是精神不振，总是一副睡不醒的样子，眼皮浮肿，黑眼圈浓重，三十出头的年纪看起来仿佛临近四十岁一样。

琳达工作卖力，却得不到赏识。出现一点儿纰漏，就被老板批评，心里无比委屈。她的自尊心受到沉重打击，一度怀疑人生。因长期精神紧张、心情抑郁，她出现了头痛头晕等症状。有一天，她毫无征兆地晕倒了。醒来之后发现自己躺在医院里。经过一段时间治疗，她的身体慢慢康复了。可是一想到上班，她的心情又紧张了起来。痛定思痛之后，她果断辞掉了原来的工作，找了一份相对轻松的新工作，开始改变生活方式。每天她都会利用午休时间听音乐、欣赏窗外的风景，有时还会走出办公楼到外面晒晒太阳。晚上下了班不再加班，有时打毛衣，有时看电影，有时外出散步，日子过得丰富多彩。她不再感到痛苦，觉得每天都很快乐，就像获得了新生一样。

适当的休整，有助于释放和缓解压力。哈佛大学教授认为，微观层面的休整效果明显。比如冲刺 90 分钟，休息 15 分钟，用来冥想、运动、闲聊、听音乐，状态调整好之后，再进入备战状态，精力就会无比充沛。中度的休整也是十分必要的，一夜良好的睡眠，周末放松休息或安排节假日活动都有助于精力的恢复。

无论你对自己多么严苛，都要给自己安排一定的消遣时间。毕竟人体不是高速运转的机器，不能不眠不休地工作。不懂得爱护自己，身体就会加速折旧和报废。作为血肉之躯的人类，要认识到自己的弱点和局限性，不能违背自然规律，否则就有可能被压力压垮，不仅不能获得成功，还会失去创造力和活力，导致幸福感下降，工作效率低下，失去所有赖以生存的资本。

给自己种下乐观的种子

乐观是希望的明灯，它指引着你从危险峡谷中步向坦途，使你得到新的生命、新的希望，支持着你的理想永不泯灭。

——达尔文

哈佛教授在谈到乐观主义时，旁征博引，特别提到了成功学大师拿破仑·希尔的经典名言："只要你想得到，只要你相信，你就能够做到。"意思是，正面思考、积极思想的力量可以创造现实。对生活满怀信心的人，有希望创造美好的人生。

思想创造现实，乍一听似乎有点唯心主义，但仔细分析你会发现它蕴含着某种真理。它符合自我效能的原理。自我效能指的是对完成某项任务或某项工作能力的评估。评估的结果直接影响个体行为。一个乐观主义者，相信自己有能力出色完成任务，乐于迎接挑战，在应对挫折时，比较有韧性，能够屡仆屡起，较少抑郁焦虑，大都业有所成。也就是说乐观者都是自我效能感较高的人群，他们普遍自信，对自己的技能、本领深信不疑，认为只要努力就能获得成功。由于提前预言了成功，充分调动了主观能动性，成功的概率往往会大大增加。因为对未来充满憧憬，在奔向成功的道路上，始终心情愉悦，幸福感比较持久、稳定和强烈。故而，自我效能感强的人通常都比较幸福。

有个年轻人首次登台演讲，心情非常紧张。一想到自己要独自上场，面对成百上千名黑压压一片的群众，接受众目睽睽的审视，他的手心就直冒虚汗。他怕自己忘词，怕当场出丑。越想越害怕，心砰砰直跳，呼吸越来越急促。他恨不能立刻躲起来，或者干脆消失，不再接受这么严酷的考验了。

有位老前辈似乎看出了年轻人的窘态，微笑着走过来，悄悄地递给他一个纸团，压低声音提醒说："上面写着演讲词，如果你忘了词，就打开纸团救急。"年轻人紧紧握着纸团，心情顿时放松了下来。他意气风发地走上讲台，开始了他人生的第一次演讲。那天他发挥得很好，口齿伶俐、逻辑清晰，不时妙语连珠，与观众目光互动时十分自然，肢体语言也很得体。演讲完毕，现场爆发出热烈的掌声。

事后，年轻人感激地向老前辈致谢。老前辈说："不要谢我，你应该感谢自己。我给你的纸团一个字也没写，上面根本就没有演讲词。"年轻人打开纸团，只见上面一片空白，果然空无一字。他忽然明白了，纸团虽然无字，却给了他无穷的信心，让他对演讲结果做出了乐观的预估。正是这种乐观的估计，促成了演讲的成功。有了这次经历，他不再看低自己，变得乐观和自信起来了。凭借着出色的口才和潇洒的风度，年轻人长期活跃于讲台，成为小有名气的演讲大师。

给自己种下乐观的种子，是提升自我效能的关键步骤。你必须相信自己将来必有所作为，才能实现成功的预言。你必须相信自己将过上快乐完满的生活，才能拥有快乐的人生。如果你看不到自己的潜力，不知道如何运用乐观的思维方式自我激励，不妨从可掌控的事情入手，慢慢提升自我效能感。利用你现有的优势，进入可控范围，找回自信和控制感。比如你擅长写作，不妨给杂志社投几篇文章；你精通外语，不妨翻译几篇美文；你擅长舞蹈，不妨在聚会上展示才艺。只要你能掌控局势，相信自己能赢得一个满意的结果，就大胆去尝试吧。

一般而言，亲历的经验直接影响乐观的态度和自我效能感。成功经验的累积会让你更乐观、更自信，自我效能感更高。失败经验的叠加则会重挫你的信心，让你找不到方向。如果你成功次数少之又少，接二连三经历失败让你已经心灰意冷，对自己丧失了信心，再也找不到人生的乐趣，那么最好借助外界的力量和社会支持系统，帮助自己重塑自信。有时候他人的说服力远远胜过任何形式的自我安慰。当全世界都怀疑你，连你自己都不相信自己的时候，如果有一个关系密切的人始终相信你的能力、品质，那么他的话语很有可能改变你的一生。

当然，乐观和自信必须向内获取。在自身缺乏成功经验的情况下，你可以尝试用替代性经验鼓励自己。如当你发现一个与你旗鼓相当的人获得成功时，不妨利用这个鲜活的实例鼓励自己，督促自己踏踏实实地奋斗，不断缩小自己与对方的差距，一步一个脚印地走向成功。